Jürg Alean, Michael Hambrey

Schnee und Eis

Haupt
NATUR

Jürg Alean
Michael Hambrey

SCHNEE UND EIS

Eine Entdeckungsreise zu gefrorenen Welten

Haupt

Inhaltsverzeichnis

1

Kristallisieren, schweben, sublimieren

Eis, Schnee, Reif und Hagel

Vorhergehende Doppelseite: Schwarzeis und Reifkristalle auf dem Silvaplanersee, Schneedecke auf Berg und Tal sowie Zirruswolken am Himmel repräsentieren die Vielfalt und Formenpracht der Kryosphäre der Erde.

Blick über den Grönländischen Eisschild bei Eqip Sermia in Westgrönland, eine Gletscherfläche dreimal so groß wie Frankreich. Hier, und im noch größeren Eisschild der Antarktis, ist der Löwenanteil allen Süßwassers der Erde gespeichert.

Rund ein Zehntel der Landoberfläche der Erde ist vergletschert und bis zu ein Drittel ist im Winter schneebedeckt. Zusammen mit dem Eis im Untergrund und auf Gewässern bilden Gletschereis und Schnee die *Kryosphäre,* die Gesamtheit allen Wassers in gefrorener Form unseres Planeten. Im ersten Kapitel dieses Buches richten wir unseren Blick zunächst hinauf in die Atmosphäre, wo Schnee und Eis herkommen, oft begleitet von farbenprächtigen Haloerscheinungen und hell leuchtenden Nebensonnen. Anschließend widmen wir uns den faszinierenden Kristallformen von Schnee und Raureif, aber auch den weniger geschätzten Phänomenen Eisregen und Hagel.

Schnee und Eis gibt es dort, wo es kalt ist – das heißt, vor allem auf hohen geografischen Breiten oder im Gebirge. Nebst dem Relief spielt auch die Verteilung von Niederschlägen eine wichtige Rolle. Während in weiten Teilen der Polargebiete das Land schon ab Meeresniveau vereist ist, steigt die Schneegrenze gegen den Äquator hin an. Die größte Höhe erreicht sie allerdings nicht am Äquator selbst, sondern bereits in den Subtropen, weil es dort selbst in hohen Lagen extrem trocken ist. So gibt es in den nordchilenischen Anden über 6000 Meter hohe Berge ohne Gletscher und nur sporadischer, dünner Schneedecke. Als Folge geringer Niederschlagsmengen gibt es auch in den Polargebieten eisfreie Zonen. In den Trockentälern der Antarktis gibt es dort fast keinen Schnee, obwohl die Lufttemperaturen selbst im Sommer kaum je über –10 °C ansteigen.

Auch auf anderen Himmelskörpern unseres Sonnensystems gibt es Kryosphären. Auf dem Planeten Mars kommen Eis und Permafrost in den Polargebieten und auf Gebirgen bis in die mittleren Breiten vor. Stellenweise gibt es Landschaftsformen, die stark an Gletscher oder ihre Ablagerungen in Form von Moränen erinnern. Besonders

Nach einem Schneesturm sind Alpen, Jura, Vogesen und Schwarzwald oberhalb von etwa 900 Metern über Meer schneebedeckt (19. März 2016, Moderate Resolution Imaging Spectroradiometer des NASA-Satelliten Terra).

Nach der weichen Landung am 26. Mai 2008 im Nordpolargebiet des Mars fotografierte die NASA-Raumsonde Phoenix die Oberfläche in der Umgebung des Landeplatzes. Die zellenartig angeordneten Gräben weisen auf Permafrostboden hin. Mit einem baggerartigen Greifarm konnte die Sonde später sogar Eis freilegen (Bild NASA/JPL-Caltech/University of Arizona).

In der polaren Kältewüste des Victoria Valley in der Antarktis gibt es trotz extremer Kälte nur äußerst selten und wenig Schnee. Der Talboden ist von windverfrachtetem Sand bedeckt. Die langgezogenen Gräben entstehen durch Spaltenbildung im eishaltigen Permafrostboden.

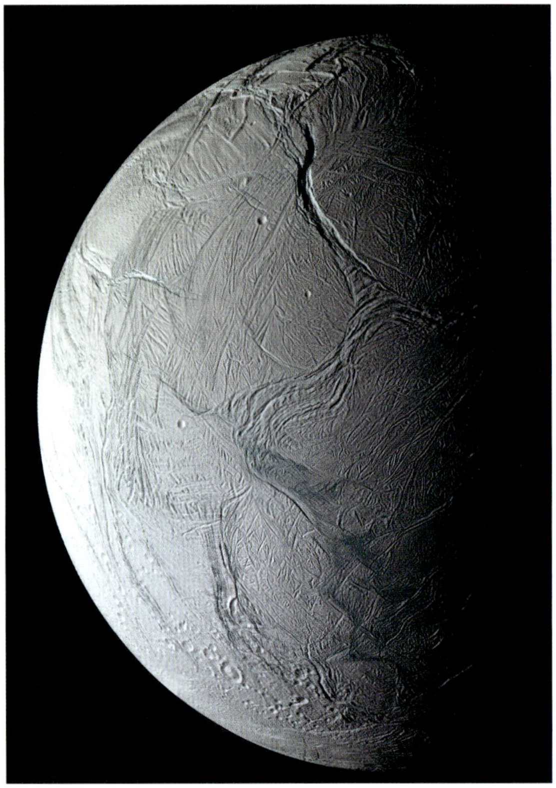

große Eismengen befinden sich auf mehreren Monden der Riesenplaneten Jupiter und Saturn. Die Jupitermonde Europa, Ganymed und Kallisto mit Durchmessern zwischen 3122 und 5262 km haben Dutzende, vielleicht sogar Hunderte Kilometer dicke Krusten aus Eis. Darunter verbergen sich Ozeane unbekannter Tiefe. Wasser und Eis haben somit einen weitaus größeren Anteil an deren Aufbau als bei der Erde.

Viel kleiner als die drei genannten Monde Jupiters ist der Saturnmond Enceladus. Sein Durchmesser beträgt nur 504 km, doch reflektiert er Licht stärker als alle anderen Monde oder Planeten unseres Sonnensystems. Seine eisbedeckte Oberfläche wirft 99 Prozent des einfallenden Sonnenlichts zurück in den Weltraum, mehr als neu gefallener Schnee auf der Erde. Spalten und Furchen seiner Oberfläche weisen auf starke Bewegungen in seiner Eiskruste hin. Diese tektonische Aktivität führt zum Austritt von Wasser aus seinem Inneren und erzeugt Hunderte Kilometer hohe Fontänen aus Eispartikeln. Ein Teil des ausgestoßenen Eises fällt wieder auf die Oberfläche zurück und ist für deren extrem hohes Rückstrahlvermögen verantwortlich. Auf Enceladus spielt sich eine Art Vulkanismus bei tiefen Temperaturen ab. Statt flüssiger Gesteinsschmelze bricht Wasser aus diesem Mond, welches in der Kälte des Weltraums sofort gefriert. Dieses Phänomen wird als *Kryovulkanismus* bezeichnet und wurde mittels Raumsonden auch beim Neptunmond Triton und den Zwergplaneten Pluto und Ceres festgestellt.

Neben den globalen Eiskrusten der erwähnten Himmelskörper nimmt sich die Kryosphäre der Erde bescheiden aus. Dennoch ist die Gesamtmenge des irdischen Eises beachtlich. Immerhin ist fast 70 Prozent des Süßwassers auf der Erde gefroren. Von diesem Eis befindet sich der Löwenanteil im riesigen *Eisschild* der Antarktis. Allein dieser bedeckt mit einer Fläche von rund 14 Mio. km^2 den Kontinent Antarktika fast vollständig. Zum Vergleich: Ganz Europa hat eine Fläche von «nur» 10,5 Mio. km^2. Auch der Grönländische Eisschild, die zweitgrößte Eismasse der Erde, ist mit 1,7 Mio. km^2 dreimal größer als Frankreich. Allein im Antarktischen Eisschild ist so viel Eis enthalten, dass sein vollständiges Abschmelzen zu einem Anstieg des globalen Meeresspiegels um 56 Meter führen würde, beim Grönländischen wären es 7 Meter. Zur Kryosphäre zählen auch alle anderen Gletscher der Erde, außerdem die jahreszeitlich stark variierenden Mengen von Eis auf Meeren, Seen und Flüssen, der Schnee sowie das Eis im Untergrund, der sogenannte Permafrost.

Die Schnee- und Eismassen auf den Landflächen der Erde sind wichtige Elemente des Wasserkreislaufs und spielen in Bezug auf Klima und Wettergeschehen eine zentrale Rolle. Sie entstehen fast ausschließlich aus atmosphärischem Wasserdampf und erreichen als feste Niederschläge die Erdoberfläche. Die Erdatmosphäre enthält je nach Wettersituation zwischen null und vier Volumenprozent Wasserdampf. Wasser ist der einzige Bestandteil der Atmosphäre, welcher in allen Aggregatszuständen vorkommt, das heißt fest als Eis-, Schneekristalle und Hagel, flüssig als Tröpfchen in Wolken und Regen sowie gasförmig als Wasserdampf.

Rund 90 % der gesamten Luftmenge in der Atmosphäre befinden sich in der untersten und dichtesten Schicht, der *Troposphäre*. Diese reicht von der Erdoberfläche bis in eine Höhe von rund 7000 Metern in den Polargebieten oder 17 000 Metern in den Tropen. Das Wettergeschehen, und damit die Bildung von Wolken und Niederschlag, findet fast ausschließlich in der Troposphäre ab. Demgegenüber sind die höheren Atmosphärenschichten extrem trocken. Dennoch gibt es in einer Höhe von 81 bis 85 Kilometern minimale Mengen von Wasserdampf, aus der sich manchmal mikroskopisch kleine Eiskristalle bilden. Diese manifestieren sich als *Leuchtende Nachtwolken*, die man mit etwas Glück im Frühsommer gegen Ende der Abend- und zu Beginn der Morgendämmerung von Mitteleuropa aus in nördlicher Richtung beobachten kann. Durch ihre eigenartige, wellenförmige Struktur kann man sie recht gut von troposphärischen Wolken unterscheiden. Sichtbar werden sie nur dann, wenn sie in großer Höhe von der Sonne beleuchtet werden, während am Boden fast vollständige Dunkelheit herrscht.

Die Oberfläche des Saturnmonds Enceladus ist vollständig eisbedeckt. Unter seiner mächtigen Eiskruste verbirgt sich wahrscheinlich ein mehrere Kilometer tiefer Ozean mit salzhaltigem Wasser. Falschfarbenbild der NASA-Raumsonde Cassini vom 9. Oktober 2008.

Verteilung von Schnee, Meereis und Gletschern in der Nordhemisphäre am 23. April 2003. In dem aus vielen Satellitenaufnahmen zusammengesetzten Bild wurde die Bewölkung künstlich entfernt (Bild NASA).

Zu Beginn der Morgendämmerung erscheinen am 8. Juli 2020 am mitteleuropäischen Nordhorizont zahlreiche Leuchtende Nachtwolken, Gebilde aus Eiskristallen in der hohen Atmosphäre. Auch der im Hintergrund sichtbare Komet C/2020 F3 (NEOWISE) besteht zu einem wesentlichen Teil aus Eis.

Am Tag werden sie vom normalen Himmelsblau vollständig überstrahlt und sind unsichtbar.

Die meisten anderen Wolken befinden sich in der Troposphäre. Dort entstehen sie durch Kondensation des Wasserdampfs zu Wassertröpfchen und Eiskristallen. Dies geschieht, wenn sich die Luft abkühlt, weil kalte Luft weniger Wasserdampf enthalten kann als warme. Auch bei Temperaturen weit unter 0 °C bestehen Wolkentröpfchen aus sogenannt unterkühltem Wasser. Fehlen in der Luft nämlich geeignete Kristallisationskeime (siehe unten), kann Wasser sogar bis –48 °C flüssig bleiben. Dass Wasser nicht zwingend schon bei 0 °C gefriert, mussten erste Luftfahrtpioniere schmerzhaft erfahren, als sie mit ihren Flugzeugen in Wolken mit stark unterkühltem Wasser gerieten. Beim Aufprall auf Tragflächen und Propeller frieren unterkühlte Wassertröpfchen augenblicklich an. Die wachsende Eisschicht verändert dann zum einen die Flügelgeometrie, zum anderen wird das Fluggerät immer schwerer, was in gravierenden Fällen zum Absturz führen kann.

Dass die unterkühlten Wassertröpfchen in der freien Atmosphäre schließlich doch gefrieren, wird durch winzige Staubpartikel oder Pollen ermöglicht. Die Wassermoleküle heften sich an deren Oberfläche, wodurch ein Eiskristall entsteht. Manchmal führt dies zur Bildung von Industrieschnee. Ist eine bodennahe Luftschicht stark durch Rußpartikel oder anderen Feinstaub verschmutzt, kommt es zu Schneefall im Nahbereich einer Industrieanlage, eines Flughafens oder einer stark befahrenen Straße.

Tiefe Wolken enthalten überwiegend Wassertröpfchen. Je höher oben eine Wolke ist, desto größer ist der Anteil der Eiskristalle. Die federförmigen Zirruswolken im obersten Teil der Troposphäre bestehen fast ausschließlich aus Eiskristallen. Deren Vorhandensein kann man anhand von *Halos* und *Nebensonnen* erkennen, geometrisch geformte, manchmal leicht farbige Lichterscheinungen am Himmel. Am häufigsten tritt das sogenannte 22 Grad-Halo auf, ein heller Ring um die Sonne. Anders als der durch Regentropfen verursachte Regenbogen sieht man dieses Halo nicht mit der Sonne im Rücken, sondern in einem Winkelabstand von 22 Grad um die Sonne. Auf der Innenseite erscheint der Ring manchmal leicht rötlich, die Außenseite bläulich. Allerdings sind die Farben normalerweise weniger auffallend als bei Regenbögen. In einer eintönigen Schicht von Zirrostratuswolken kann der Ring vollkommen gleichförmig aussehen, in strukturierten Zirruswolken eher durchbrochen.

Oft gibt es beidseits der Sonne auffallend hell leuchtende, manchmal farbige Flecken, die man als Nebensonnen bezeichnet. Nebensonnen und Halos entstehen durch Brechung des Sonnenlichts in den schwebenden Eiskristallen. Sie wirken wie unzählige kleine Prismen, die das weiße Sonnenlicht in seine Farbanteile zerlegen. Sind die

Eiskristalle im Raum zufällig ausgerichtet, ist das Halo gleichmäßig kreisförmig. Schweben plättchenförmige Eiskristalle bevorzugt in horizontaler Lage, treten Nebensonnen auf.

Haloerscheinungen entstehen bei strenger Kälte selbst unter blauem Himmel in schwebenden Eisnadeln in Bodennähe, sogenanntem *Diamantstaub*. Solche Halos nehmen manchmal besonders komplexe Formen an. Um das 22 Grad-Halo spannt sich dann weiter außen ein größeres mit einem Radius von 46 Grad. Dazu kommen weitere Nebensonnen und Kreisbögen, die zum Teil auch von der Sonne weggebogen sind oder auf gleicher Höhe wie die Sonne um den ganzen Himmel herumgehen. Typisch sind auch vertikale *Lichtsäulen* unter- oder oberhalb der Sonne.

Die winzigen Eiskristalle in Wolken sind so leicht, dass sie beinahe beliebig lange in der Luft zu schweben vermögen. Schneekristalle sind weitaus größer und bilden sich, wenn sich unzählige weitere Wassermoleküle an die Eiskristalle anlagern. Dies geschieht durch *Resublimation* von Wasserdampf. Damit ist gemeint, dass der Wasserdampf ohne flüssig zu werden direkt in den festen Zustand übergeht (der umgekehrte Prozess heißt Sublimation, wenn also Eis direkt verdunstet, also ohne zu Schmelzen direkt in den gasförmigen Zustand wechselt). Während der Resublimation rund um den kleinen Eiskern kommen besondere Eigenschaften von Wassermolekülen ins Spiel. Diese bestehen bekanntermaßen aus zwei Wasserstoff- und einem Sauerstoffatom (H_2O). Die beiden Wasserstoffatome befinden sich beidseits des Sauerstoffatoms, aber nicht in einer geraden Linie, sondern in einem Winkel von 104 Grad. Außerdem besteht beim Sauerstoffatom eine leicht negative, bei den zwei Wasserstoffatomen eine leicht positive elektrische Ladung. Diese Eigenschaften bewirken, dass sich Wassermoleküle beim Gefrieren am effizientesten zu einem sechseckigen Gitter zusammenfinden, dessen Struktur schließlich zur sechsseitigen Symmetrie von Schneekristallen führt. Das sechseckige Gitter erinnert entfernt an eine Bienenwabe. Die darin enthaltenen Lücken haben zur Folge, dass Eis eine etwas geringere Dichte hat als Wasser, mit anderen Worten, dass Eis auf Wasser schwimmt (vgl. Dichteanomalie von Wasser in Kap. 6).

Während der Resublimation lagern sich Wassermoleküle bevorzugt an den Extremitäten des bereits bestehenden Eiskristalls an. Kleine Vorsprünge am Rand wachsen deshalb schneller als der Rest, wodurch die fein verästelten, filigranen Formen der Schneekristalle entstehen. Sind diese schwer genug geworden, beginnen sie zu sinken. Weil schwere schneller fallen als leichtere, kommt es zu Kollisionen, bei denen sich viele Schnee*kristalle* ineinander verhaken und Schnee*flocken* bilden. Schneeflocken können bis mehrere Zentimeter groß werden (vgl. Bild S. 19).

Die komplexen Formen der Schneekristalle beschäftigen Naturforscher seit jeher. 1855 veröffentlichten der englische Meteorologe James Glaisher und seine Frau Cecilia Louisa Glaisher eine Sammlung von Schneekristallzeichnungen, die in ihrer Qualität bis heute unübertroffen sind. Im amerikanischen Bundesstaat Vermont fotografierte Wilson Bentley ab 1885 mit einem Mikroskop über 5000 Schneekristalle, die ihn als «tiny miracles of beauty» ein Leben lang faszinierten. Diese Art der Fotografie ist äußerst anspruchsvoll, weil man auf leichten Schneefall angewiesen ist, bei dem möglichst einzelne Kristalle statt Flocken fallen. Die Ausrüstung muss im Freien bei Kälte funktionieren und bedient werden, und weder Beleuchtung noch Atemluft des Fotografen dürfen die empfindlichen Gebilde zum Schmelzen bringen. Zudem steht man unter Zeitdruck, weil die Kristalle ihre attraktiven Formen durch Sublimation innerhalb von Minuten einbüßen.

Tief in der Atmosphäre schwebende Eiskristalle, sogenannter Diamantstaub, kann durch optische Brechungseffekte farbige Halos und Nebensonnen hervorrufen. Komplexes Halophänomen vom 30. Januar 2014 am Fichtelberg im Erzgebirge (Aufnahme mit Fischaugenobjektiv, Claudia Hinz).

Farbige Nebensonne in einer fein strukturierten Zirruswolke. Die Sonne ist links außerhalb des Bildes.

Nächtliches 22 Grad-Halo um den Vollmond über Pontresina, Graubünden, in einer dünnen Zirrostratus-Wolkenschicht. Die Innenseite des Halos ist leicht gelblich, die äußere bläulich.

Je nach Temperatur und Grad der Luftfeuchtigkeit entstehen unterschiedliche Arten von Schneekristallen. Den meisten ist eine sechsseitige Symmetrie gemeinsam. Obwohl sich manche ähneln, findet man auf der mikroskopischen Skala stets Unterschiede und geringe Abweichungen von der Symmetrie (Bilder Erich Albisser, Gletschergarten Luzern).

Dem japanischen Schneeforscher Ukichiro Nakaya (1900–1962) verdanken wir eine Klassifikation von Schneekristallen nach Formen. Er stellte fest, dass je nach Feuchtigkeitsgehalt und Temperatur der Luft verästelte Dendriten, Plättchen, Säulen oder Nadeln entstehen. Obwohl sich Schneekristalle einer bestimmten Sorte äußerlich ähneln, gibt es nie zwei exakt gleiche. Das liegt daran, dass ein einziger Kristall aus etwa 10^{18} oder 1 000 000 000 000 000 000 Wassermolekülen besteht. Obwohl sich diese nach den Gesetzmäßigkeiten der Kristallisation in einem sechsseitigen Muster anordnen, bleiben ihnen im Detail beliebig viele Möglichkeiten der exakten Anordnung.

Nicht minder schön als Schneekristalle sind diejenigen von *Reif* und *Raureif*. Anders als Schnee entsteht Reif nicht freischwebend, sondern durch Resublimation von Wasserdampf direkt am Boden oder auf Oberflächen von Pflanzen und anderen Objekten. Reif bildet sich bevorzugt im Verlauf einer klaren, kalten Nacht. Bei offenem Himmel strahlt der Boden schnell viel Wärmeenergie gegen den Weltraum hin ab, wird buchstäblich eiskalt und kühlt seinerseits die über ihm liegende Luftschicht. Sobald diese den Wasserdampf nicht mehr halten kann, scheidet sie die überschüssige Menge als Reif aus. Reifkristalle sind meist nur millimetergroß und überziehen Oberflächen wie mit einem weißen Hauch. Etwas stärker ist das Wachstum an Kanten, zum Beispiel am Rand von Blättern, sodass diese schließlich von einem hübschen Reifkranz eingefasst erscheinen. Werden die Kristalle größer und bilden bis mehrere Zentimeter lange Nadeln, spricht man von Raureif. Dies geschieht, wenn eine leichte Windströmung laufend neue Luft heranführt und durch weitergehende Resublimation oder durch Anfrieren unterkühlter Wassertröpfchen ein starkes Wachstum der Eiskristalle ermöglicht. Allzu stark darf der Wind allerdings nicht wehen, weil die zerbrechlichen Gebilde sonst vom Winddruck oder der Bewegung von Ästen wieder zerstört werden.

Besonders viel Raureif bildet sich gerne in der Nähe der Nebelobergrenze, zum einen, weil im Nebel die Luft bereits mit Wasserdampf gesättigt ist, zum anderen, weil über dem Nebel die Wärmeabstrahlung am größten und die Lufttemperatur morgens am tiefsten ist. Die Raureifbärte sind dann manchmal so schwer, dass sie infolge ihres Gewichts auf die Unterseite von Ästen geraten. Ein mit Raureif überzuckerter Wald gehört zu den attraktivsten Erscheinungen einer Winterlandschaft. Leichter Wind in den Baumkronen kann dazu führen, dass so viel Raureif herunterrieselt, dass es den Eindruck macht, als würde es schneien. Auch das zauberhafte Glitzern einer Schneedecke an einem sonnigen Morgen in den Bergen verdanken wir meist nicht dem Schnee selbst, sondern den Raureifkristallen, welche in der vorangegangenen Nacht darauf gewachsen sind.

Bei etwas stärkerer Luftbewegung und entsprechend intensiver Zufuhr von Luftfeuchtigkeit kann die Reifbildung so schnell erfolgen, dass statt hübscher Eisnadeln eine mehr oder weniger grobe Eisstruktur, sogenanntes *Raueis*, entsteht. Manchmal

Zu besonders starker Reifbildung kommt es etwa bei der Nebelobergrenze. Das Nebelmeer reichte in der Nacht vor dieser Aufnahme etwa bis zur Höhe der obersten, von Raureif bedeckten Bäume und sank am folgenden Morgen etwas ab.

sieht dieses aus wie eine im Wind wehende Fahne, ist aber *gegen* die vorherrschenden Windrichtung gewachsen, weil die Wassertröpfchen auf der Luvseite aufprallen und dort anfrieren. Bei anhaltend feuchtkalter Witterung können Raueisablagerungen dezimeter- bis meterdick werden. Bekannt sind von skurrilen Eispanzern umschlossene Bäume im Norden Skandinaviens, aber auch in weiter südlich gelegenen Mittelgebirgen. Die seltsamen Formen regen dann unsere Fantasie an und mögen an allerlei Fabelwesen erinnern. Raueisanlagerungen an freistehenden Gebäuden, Masten oder Türmen haben ein gewisses Gefahrenpotenzial für die nähere Umgebung, weil unvermutet Eisstücke abbrechen und herunterstürzen können.

Nicht zu verwechseln mit Raureif oder Raueis sind trotz gewisser Ähnlichkeiten die Phänomene *Kammeis* und *Haareis*. Kammeis entsteht, wenn das Wasser in oberflächennahen Poren des Erdbodens gefriert. Durch die Volumenzunahme beim Gefrieren wird ein wenig Eis aus den Poren herausgedrückt. Wenn der Gefrierprozess darunter weitergeht, wachsen Eisnadeln in die Höhe, die oft länglich wie ein Kamm angeordnet sind und durch eingelagertes Bodenmaterial gefärbt erscheinen. Seltener ist die Entstehung von Haareis. Diese zauberhaften, haarförmigen Gebilde können nach einer regnerischen Nacht und anschließender Abkühlung unter den Gefrierpunkt aus feuchtem Totholz herauswachsen. Dabei ist das Myzel winteraktiver Pilze beteiligt, deren Stoffwechsel Gas produziert, welches Porenwasser aus dem Inneren des Holzes an die Oberfläche drückt, wo es zu haarfeinen Nadeln gefriert.

Von einem Panzer aus Schnee und Raueis umschlossene Bäume nahe der Waldgrenze bei Luosto, Finnland.

Vielfalt der Erscheinungsformen von Reif, Raureif und Raueis, von links oben nach rechts unten: Mehrere Zentimeter lange Raureifnadeln an einem Buchenzweig, Reif auf Himbeeren, Reifkristalle auf einem zugefrorenem Teich, Raureif in Buchenwald an der Nebelobergrenze, Reifkristalle

Am Ende dieses Kapitels stehen Graupel, Hagel und gefrierender Regen, Formen festen Niederschlags, mit denen wir meist weniger angenehme Erinnerungen verbinden als mit Schnee und Raureif. *Graupel* entsteht, wenn sich so viele Wassertröpfchen an Schneekristalle anlagern, dass ein mehrere Millimeter großer, eher unförmiger Klumpen entsteht. Weil dessen Dichte höher ist als diejenige von Schneeflocken, fällt Graupel schneller und trifft geräuschvoll rieselnd auf den Boden.

Komplizierter ist die Entstehung von *Hagel*. Dieser stammt aus Gewitterwolken, in denen eine starke Thermik herrscht. In Teilen der Wolke gibt es so viel Aufwind, dass auch größere Regentropfen in die Höhe getragen werden, dort unterkühlen und schließ-

lich gefrieren. Als Eiskristalle fallen sie wieder in die Tiefe, geraten dann aber erneut in eine Aufwindzone, werden angehoben und lagern eine weitere Eisschicht an. Die zwiebelartige Schichtstruktur großer Hagelkörner zeigt, dass diese mehrere Auf- und Abstiegszyklen durchgemacht haben. Bei der Kondensation von Wasserdampf in einer Gewitterwolke wird viel latente Wärme freigesetzt. Es ist dies die sogenannte Kondensationswärme und entspricht genau jener Wärmeenergie, welche vorher notwendig war, um das Wasser von der Oberfläche eines Gewässers zu verdunsten. Sie ist im Wasserdampf gleichsam «versteckt», wird aber bei Kondensation oder Resublimation wieder freigesetzt. Innerhalb der Gewitterwolke wirkt sie wie eine Art von Wärmekraftwerk, ist

auf einem parkenden Auto, becherförmige Reifkristalle am Ufer eines Flusses, vom Wind abgebrochene Raureifkristalle fallen von einem Buchenast, gegen die Windrichtung gewachsenes Raueis auf Grashalmen.

Durch Lehmpartikel rötlich gefärbtes Kammeis in der Nähe des Geysirs Old Faithfull, Yellowstone National Park, USA.

Haareis in einem Buchenwald der Franche-Comté, auf ca. 400 m ü.M. (Bild Madlena Cavelti).

die Ursache besagter Aufwinde und damit indirekt für die Entstehung von Hagel verantwortlich. Berüchtigt sind Schäden, welcher Hagel an landwirtschaftlichen Kulturen, Autos oder Hausdächern anrichtet. Die Schäden entstehen beim Aufprall der Hagelkörner, denn ein 2 cm großes erreicht eine Fallgeschwindigkeit von 70 km/h, ein 12 cm großes gar von 170 km/h. Der amerikanische Wetterdienst NOAA nennt als größtes je registriertes Hagelkorn eines am 23. Juni 2010 in Vivian, South Dakota gefallenes mit einem Durchmesser von 20 cm und einem Gewicht von fast 900 Gramm.

Weniger spektakulär, aber ebenfalls potenziell gefährlich, ist *gefrierender Regen*. Dabei handelt es sich um ein Wetterereignis, bei dem sich in kurzer Zeit eine klare Eisschicht am Erdboden bildet. Dies kann durch den Aufprall und sofortiges Gefrieren von unterkühlten Regentropfen geschehen, oder auch, wenn Regen nach dem Durchgang einer Warmfront auf einen Boden trifft, der während einer vorangegangenen Kältephase stark ausgekühlt wurde. Die frische Eisschicht am Boden bezeichnet man als *Klareis*, weil sie durchsichtig und deshalb auch schwer erkennbar ist. Sie verursacht heimtückische Eisglätte auf Verkehrswegen. Das Gewicht von Klareis kann dazu führen, dass Äste von Bäumen und Sträuchern abbrechen und Stromleitungen heruntergerissen werden. Klareis kann allerdings auch mit einer gewissen Ästhetik aufwarten, zumal, wenn Blätter oder Früchte durch die gewölbte Eisoberfläche wie durch eine Lupe vergrößert erscheinen oder wenn sich skurrile Klareisgebilde im Uferbereich von windgepeitschten Gewässern oder im Sprühnebel von Wasserfällen bilden (vgl. Kap. 6).

Großes Hagelkorn mit deutlich erkennbaren Anlagerungsschichten (© ERZ/Wikicommons, CC 3.0).

Gefrierender Regen hat eine Pflanze mit Klareis überzogen.

2

Glitzern, bedecken, verschütten

Schnee, Schneedecke und Lawinen

Vorhergehende Doppelseite: In der vorangehenden Nacht gefallener Schnee hat das Unterengadin in ein wahres Winterwunderland verwandelt, dem die leuchtend roten Früchte der Eberesche (auch Vogelbeerbaum, *Sorbus aucuparia*) einen kontrastierenden Farbakzent verleihen.

Schneepolster an einem Bach im Val Roseg wirken wie abstrakte Kunstwerke der Natur. In den vorangegangenen, sehr kalten Nächten sind auf der Schneeoberfläche Reifablagerungen entstanden.

Schnee bedeckt Ende Januar bis zu 45 Mio. km^2 oder ziemlich genau die Hälfte der Landfläche der Nordhemisphäre. Eine saisonale Schneedecke hat mannigfaltige Anpassungen der Tier- und Pflanzenwelt zur Folge, liefert während der Schmelzperiode lebenswichtige und oft unersetzliche Mengen an Süßwasser und bildet die Grundlage für viele Wintersportarten und den darauf basierenden Tourismus. Von alters her muss sich die Bevölkerung von Berggebieten allerdings auch mit Gefahren für Siedlungen und Verkehrswege auseinandersetzen, die der Schnee mit sich bringt. Trotz klimabedingten Rückgangs der Schneebedeckung haben die potenziellen Risiken durch Lawinen mancherorts wegen steigender Bevölkerungszahl und intensivierter Nutzung der Berggebiete nicht abgenommen.

Im ersten Kapitel dieses Buches haben wir uns mit der Entstehung von Eis- und Schneekristallen in der Atmosphäre auseinandergesetzt. Im Folgenden widmen wir uns dem bereits gefallenen Schnee, der sogenannten *Schneedecke*. In Mitteleuropa bauen die Winterniederschläge in höheren Lagen eine Schneedecke auf, die oft wochen- oder monatelang Bestand hat. Besonders viel Niederschlag erhalten die Randgebiete von Gebirgen, weil dort die anströmenden, feuchten Luftmassen gestaut, angehoben und dabei abgekühlt werden. Dies verstärkt die Kondensation von Wasserdampf und begünstigt hohe Niederschlagsmengen. Umgekehrt sind selbst hochgelegene inneralpine Täler wie das Engadin verhältnismäßig trocken, sodass der Wintertourismus manchmal unter Schneearmut leidet. Den Weltrekord bezüglich Schneehöhe hat übrigens Mount Ibuki auf der japanischen Insel Honshu mit 11,82 Metern inne. Allerdings ist zu vermuten,

dass es abseits von Wetterstationen noch weitaus größere Werte gibt, zum Beispiel entlang der äußerst niederschlagsreichen nordamerikanischen Pazifikküste. Den Weltrekord eines Schneefalls *während eines einzigen Tages* hielt bis zur Drucklegung dieses Buches das italienische Dorf Capracotta auf 1421 m ü. M. in den Apenninen. Dort fiel am 15. März 2015 die unglaubliche Menge von 2,56 Metern Neuschnee.

Mächtige Schneedecken verursachen auf großen Gebäudeflächen eine enorme Gewichtsbelastung, denen Dächer und deren Tragkonstruktionen standhalten müssen. Im Januar 2006 kam es nach anhaltend kräftigen Schneefällen in Bayern zu zahlreichen Deckeneinstürzen. Durch den Einsturz der Eissporthalle in Bad Reichenhall fanden gar 15 Menschen den Tod, 34 wurden schwer verletzt.

Schneefälle in tiefen Lagen werden wegen allgemein ansteigender Temperaturen zwar seltener, können aber wie hier in Eglisau am Rhein (CH) kurzzeitig mit großer Intensität erfolgen.

In der Nacht vom 13. auf den 14. Januar 2021 fiel im Unterengadin viel Neuschnee. Weil es in den engen Gassen von Sent kaum freien Platz gibt, wird die weiße Pracht mit Schneefräsen auf Lastwagen verladen und anschließend in einer Schlucht außerhalb des Dorfes deponiert.

Vielfalt der Erscheinungsformen

Für den Bau eines Iglus schneiden Inuit aus verfestigten Triebschneeablagerungen Blöcke (Historische Aufnahme: US Library of Congress).

Gemäß einem urbanen Mythos haben die Inuit, die indigene Bevölkerung des nordamerikanischen Polargebiets, besonders viele Bezeichnungen für Schnee. Genannt werden 40 oder gar über 100 Begriffe. Hinter dieser Legende verbergen sich allerdings Missverständnisse. Inuit haben regional unterschiedliche Sprachen und Dialekte, was die Vielfalt der Bezeichnungen teilweise erklärt. In der grönländischen Sprache gibt es aber lediglich drei Allgemeinbegriffe für Schnee, nämlich *aput* «Schnee am Boden», *qanik* «fallender Schnee oder Schneeflocken» und *sullarneq* «Schneegestöber». Aus *aput* entstehen aber in Kombination mit weiteren Begriffen abgeleitete Wortbildungen. Außerdem verwenden die Inuit Ausdrücke, die nur im Kontext als mit Schnee zusammenhängend verstanden werden können. Beispielsweise bedeutet in einem kanadischen Inuit-Dialekt *igluksaq* «Hausbaumaterial», wird aber für windgepressten, zum Bau von Iglus geeigneten Schnee verwendet. So betrachtet kennt auch die deutsche Sprache vergleichbar viele Begriffe für Schnee. Je nach Temperatur, Wassergehalt und mechanischen Eigenschaften sprechen wir von *Pulverschnee* (kalt, trocken, klebt unter Druck nicht zusammen), *Feucht-* oder *Pappschnee* (geeignet zum Bau von Schneemännern, doch lässt sich im Gegensatz zu *Nassschnee* kein Wasser herauspressen) und *Sulzschnee*, *Faulschnee* oder *Schneematsch*, in der Schweiz auch *Pflotsch* genannt. Je nach Alter und Dichte unterscheiden wir zwischen *Neuschnee*, *Altschnee* oder *Firn*, wobei Firn mehrjährigen Schnee bezeichnet. Letzterer Begriff hängt mit *färn*, letztjährig, zusammen. *Harsch* oder *Bruchharsch* heißen oberflächlich aufgetaute und wieder gefrorene Schneekrusten. Sonderformen sind *Schneeverwehungen*, *Wechten* (Bild S. 34-35 und 42), *Flugschnee* (der bei Sturm durch Ritzen ins Gebäudeinnere gelangt), *technischer Schnee* (umgangssprachlich *Kunstschnee*), *Büßerschnee* und *Schwimmschnee.* Aus naturwissenschaftlicher Sicht ist bemerkenswert, dass es im Deutschen und vielen anderen Sprachen keinen Oberbegriff für Schnee und Eis gibt, obwohl beide den festen Aggregatzustand von Wasser meinen. Dies widerspiegelt sich sogar im Titel dieses Buches.

Alpenglühen bei Sonnenaufgang über dem frisch verschneiten Piz Bernina, mit 4048 m der höchste Berg der Ostalpen.

Frisch gefallener Schnee ist weiß, weil die unzähligen Schneekristalle das weiße Sonnenlicht vielfach brechen. Dabei werden alle Farben etwa gleich stark abgeschwächt, sodass das Licht, welches den Schnee wieder verlässt, auch wieder alle Farben des Sonnenlichts enthält und der Schnee weiß erscheint. Rötlich verfärbt er sich, wenn er kurz vor Sonnenuntergang oder nach Sonnenaufgang von der ebenfalls scheinenden Sonne rot angestrahlt wird, ein Phänomen, das wir als Alpenglühen kennen. Mit zunehmendem Alter nimmt die Reflektivität des Schnees ab, weil durch Sublimation und Resublimation benachbarte Schneekristalle immer mehr zu rundlichen Gebilden zusammenwachsen und damit die Anzahl reflektierender Kristallflächen abnimmt. Altschnee erscheint daher weniger hell als Neuschnee. Gleichzeitig steigt die *Dichte* des Schnees stark an, während die *Dicke* der Schneedecke abnimmt – sie «setzt» sich. Staubniederschläge auf der Oberfläche machen den Schnee zusätzlich dunkler. Besonders auffällig sind gelblich-braune Ablagerungen von Saharastaub, der von südlichen oder südwestlichen Höhenwinden über den Atlantik oder das Mittelmeer bis in den Alpenraum verfrachtet wird. Einen anderen Ursprung hat *Roter Schnee*, auch als *Blutschnee* bezeichnet. Er verdankt seine Färbung Grünalgen, deren grünes Chlorophyll durch ein rötliches Pigment überdeckt wird, welches die winzigen Organismen zum Schutz vor der schädlichen Ultraviolettstrahlung der Sonne produzieren.

Vielfältig sind auch Oberflächenformen, die während des Abbaus der Schneedecke durch Sublimation und Schmelzprozesse entstehen. Dazu gehören schalenförmige Hohlformen, in Fallrichtung verlaufende Rinnen und merkwürdig steile Kegel. Letztere werden in den subtropischen Anden Chiles und Argentiniens bis meterhoch und werden als *Büßerschnee* bezeichnet, weil ihre extrem spitzkegeligen Formen an die Kopfbedeckung erinnern, welche Teilnehmende an manchen Karfreitagsprozessionen tragen.

Schneepolster im Val Roseg (CH), Schneedünen bei Tschlin (CH), vom Wind geformte Sastrugi (Prince Charles Mountains, Antarktis), Windkolke mit Schmelzwassersee auf dem Hardinger Icefield (Alaska), Saharastaub und Schmelzwasserrinnen auf dem Glacier d'Argentière (F), Hohlformen

Leben im Schnee

Mensch, Tier und Pflanzen kommen mit Kälte und Schnee durch ganz unterschiedliche Formen der Anpassung zurecht oder ziehen daraus sogar Nutzen. Dazu sollen hier einige ausgewählte Beispiele vorgestellt werden. Bekanntlich bieten dichtes Gefieder und Fell einen derart vortrefflichen Kälteschutz, dass wir Menschen uns im Winter gerne mit tierischen Produkten wie Daunen, Wolle oder gar Fellen schützen. Den Kälteschutz

zur Perfektion gebracht haben Moschusochsen *(Ovibos moschatus)*, deren natürliches Verbreitungsgebiet sich über den kalt-trockenen Norden Kanadas und die Küstengebiete Grönlands erstreckt. Unter ihren bis 60 cm langen, groben Schutzhaaren befindet sich ein Unterfell, dessen Wolle in Bezug auf Gewicht eine etwa achtmal bessere Wärmedämmung aufweist als beste Schafwolle. Dieses Fellkleid ermöglicht Moschusochsen das Überleben bei Lufttemperaturen von bis unter −50 °C. Sogenannte Qiviut-Wolle aus dem Unterfell domestizierter Moschusochsen aus Alaska und Kanada wird zu exklusiven Kleidungsstücken verarbeitet.

in Schneeoberfläche auf dem Chäserrugg (CH), Büßerschnee (Chile; Bild: A. Duro, European Southern Observatory), von Schneealgen rötlich gefärbter Schnee (Antarktische Halbinsel).

Spur eines Hasen in tief verschneitem Nadelwald bei Luosto, Finnland. Das Überleben in Kälte und Schnee erfordert spezifische Anpassungen an die winterlichen Umweltbedingungen.

Im natürlichen Lebensraum der Moschusochsen ist die Schneedecke meist dünn oder fehlt an windexponierten Stellen ganz, sodass die Tiere ganzjährig ihre pflanzliche Nahrung finden. Demgegenüber müssen Amerikanische Bisons *(Bos bison)* mit weitaus größeren Schneemengen zurechtkommen. Durch Hin- und Herschwenken ihres gewaltigen Kopfes schieben sie den Schnee beiseite, um die darunter verborgene Vegetation freizulegen.

Während sich Moschusochsen und Bisons durch Wechsel zwischen dickem Winter- und dünnerem Sommerfell an die veränderten Temperaturen anpassen, wechseln andere Tierarten auch ihre Tarnfarbe im Einklang mit derjenigen des Untergrunds. Sowohl im Alpenraum als auch in der Arktis beheimatet sind zwei Beispiele für diese erstaunliche Form der Anpassung an die Umweltbedingungen, nämlich das Alpenschneehuhn *(Lagopus muta)* und das Große Wiesel oder Hermelin *(Mustela erminea)*.

Alpenschneehühner leben in Mitteleuropa oberhalb der Waldgrenze. Deshalb sind sie im offenen Gelände gegenüber Fressfeinden exponiert. Auf Schutt oder auf Felsen bieten ihnen jedoch Farbe und Musterung des Sommer-Federkleids eine hervorragende Tarnung. Solange sie nicht auffliegen, bekommt man sie deshalb nur schwer zu Gesicht, selbst wenn sie ihre eigentümlich schnarrenden Laute von sich geben. Im Herbst wechseln sie zur Tarnung im Schnee auf ein dichteres, rein weißes Federkleid, das sogar die Zehen überzieht. Damit verfügen sie über eine Art Miniatur-Schneeschuhe, welche ihnen das Laufen über weichen Schnee erleichtern. Alpenschneehühner verbringen viel Zeit in sogenannten Schneekammern, die sie in kürzester Zeit aushöhlen können. Diese verlassen sie meist nur für die Nahrungssuche. Ihre Anpassung an Schnee und Kälte gereicht ihnen heutzutage allerdings auch zum Nachteil. Gemäß Forschungsergebnissen der Schweizerischen Vogelwarte Sempach «wird es für das Alpenschneehuhn eng» (23. Januar 2023). Einerseits wird sein Revier durch Wintersportanlagen und Bergtourismus zunehmend eingeschränkt. Andererseits wurde beobachtet, dass die Vögel über die Jahrzehnte hinweg immer höher stiegen, insbesondere in den Schweizer Süd- und Ostalpen. Dies könnte mit höheren Temperaturen und dem Ansteigen der Baumgrenze zusammenhängen. In größerer Höhe werden allerdings die zur Verfügung stehenden Flächen rasch kleiner. Den beobachteten Rückgang des Alpenschneehuhns zusammen mit dem aufgrund der Klimaerwärmung vorausgesagten Schrumpfen des Verbreitungsgebietes bezeichnet die Vogelwarte als «beunruhigend».

Als Beutegreifer sind Hermeline auf verschiedene Mausarten als Nahrung angewiesen, müssen sich aber selbst vor größeren Fressfeinden wie Greifvögeln, Eulen, Füchsen und Dachsen in Acht nehmen. Als Anpassung an den Winterschnee ist ihr Winterfell gänzlich weiß. Während das Sommerfell auf der Unterseite weiß bleibt, wechselt es auf der Oberseite auf ein helles Braun. Auf dürrem Geäst, vertrocknetem Rasen oder auf

Moschusochsen *(Ovibos moschatus)* können dank ihres extrem wärmedämmenden Fells selbst in extremer Kälte überleben, sind aber auf verhältnismäßig geringe Schneemengen angewiesen, um ausreichend Nahrung zu finden (Ella Ø, Nordostgrönland).

Amerikanische Bisons *(Bos bison)* im Yellowstone Nationalpark räumen tiefen Schnee mit ihrem Kopf weg, um an die darunter verborgene pflanzliche Nahrung zu gelangen.

Zwerg-Soldanellen *(Soldanella pusilla)* durchstoßen grobkörnigen Altschnee. Das Loch in der Schneedecke bildet sich als Folge der Lichtabsorption an den im Vergleich zum Schnee dunklen Pflanzenteilen, entsprechender Wärmebildung und Schneeschmelze.

Felsen vermag das Hermelin gut getarnt gleichsam mit dem Untergrund zu verschmelzen. Einen saisonalen Farbwechsel des Fells zeigen auch Schneehase *(Lepus timidus)*, Polarhase *(Lepus arcticus)* und Polarfuchs *(Vulpes lagopus)*.

Auch im Reich der Pflanzen gibt es bemerkenswerte Formen der Anpassung an den Schnee. Soldanellen oder Alpenglöckchen (*Soldanella*), eine Pflanzengattung innerhalb der Familie der Primelgewächse, sind typische Vertreter der sogenannten Schneetälchen-Vegetation. Dies ist ein Pflanzengesellschaft, die bevorzugt in Mulden vorkommt, in denen der Schnee im Frühjahr länger als anderswo liegen bleibt. Zwar versorgt der verbleibende, langsam abschmelzende Altschnee die dort wachsenden Pflanzen über längere Zeit mit Feuchtigkeit. Den Pflanzen bleiben dann aber nur noch wenige Wochen für Wachstum, Blüte und Fortpflanzung, bis im Herbst wieder der erste Schnee fällt. Die Blüten der Soldanellen beginnen deshalb bereits unter dem Schnee zu wachsen. Sonnenlicht, das eine noch gegen 50 cm dicke Schneeschicht durchdringt, löst erstes Wachstum aus. Manche Blüten vermögen sogar eine dünne Schneedecke zu durchstoßen.

Das Alpenschneehuhn *(Lagopus muta)* wechselt sein Gefieder und damit seine Tarnung je nach Jahreszeit (Winterbild Albert Heeb).

Das Winterfell des Hermelins *(Mustela erminea)* erleichtert durch seine Tarnfarbe die Jagd – beachte im Bild links die Beute! – dient aber auch dem Selbstschutz vor Greifvögeln. Im Sommer wechselt die Farbe auf der Oberseite zu braun (Winterbild Albert Heeb).

Lawinen und Lawinenschutz

Die hinter den Gipfeln der Lyngenalpen (Norwegen) untergegangene Sonne beleuchtet den von Sturmwinden verfrachteten Triebschnee. Im Windschatten abgelagert, erhöht windverfrachteter Schnee die Lawinengefahr.

Wie wir gesehen haben, ist Schnee nicht gleich Schnee. Intensität und Gesamtmenge des Schneefalls, Wind, Temperatur und Temperaturentwicklung beeinflussen die mechanischen Eigenschaften von Schnee. Diese wiederum bestimmen, ob eine Schneedecke stabil ist, langsam talwärts gleitet oder als Lawine niedergehen kann. Neben Hochwasser und Überschwemmungen, Fels- und Bergstürzen zählen Lawinen zu den häufigsten und folgenschwersten Naturgefahren in Hochgebirgsregionen. Eine statistische Untersuchung des Schweizerischen Instituts für Schnee- und Lawinenforschung (SLF) zeigt, dass seit 1936 allein in der Schweiz im Durchschnitt 24 Menschen pro Jahr in Lawinen den Tod fanden. Die Gesamtzahl der Lawinenopfer ist in den letzten Jahrzehnten allerdings leicht gesunken, insbesondere, weil Gebäude und Verkehrswege durch technische Maßnahmen besser vor Lawinen geschützt wurden. Lawinenunfälle ereignen sich seither vermehrt in freiem Gelände, was mit der Zunahme von Schneesportaktivitäten wie Skitouren und Variantenfahren abseits gesicherter Pisten zusammenhängt.

Es gibt je nach Art der Auslösung, Wasseranteil und Fließverhalten ganz unterschiedliche Arten von Lawinen. Für den Wintersport am gefährlichsten sind *Schneebrettlawinen*, denn sie fordern über 90 % der Todesopfer. Sie entstehen auf mindestens 30 Grad steilen Hängen und haben einen klar definierten, linienförmigen Anriss. Ein verhältnismäßig festes, auf einer schwachen Zwischenschicht liegendes *Schneebrett* kann ohne menschliche Einwirkung, also *spontan,* abgleiten, oder wenn die Zusatzbelastung durch eine Person zu einem plötzlichen Bruch einer Schwachschicht innerhalb der Schneedecke führt. Solch eine gefährliche Schwachschicht kann durch Oberflächenreifkristalle verursacht sein, die in einer klaren Nacht zwischen zwei Schneefällen auf der Schneeoberfläche gewachsen sind. Außerdem können sich durch große Temperaturunterschiede innerhalb der Schneedecke mit der Zeit kantige, manchmal becherförmige Kristalle, sogenannter *Schwimmschnee* bilden. Bei einer dicken Schicht von Becherkristallen zuunterst in der Schneedecke können im Frühjahr mächtige Nassschneelawinen entstehen, die bis auf den Boden abgehen, sogenannte Grundlawinen. Die Lawinengefahr nimmt außerdem zu, wenn anhaltend starke Winde den Schnee von der Luvseite eines Berggrats auf dessen Leeseite verfrachten. Lokal können solche *Schneeverwehungen* an Windschattenhängen sehr dick werden.

Weil man einer Schneedecke von außen weder Mächtigkeit noch Schichtung ohne Weiteres ansieht, muss man zur Beurteilung deren Stabilität einen Schneeschacht graben

und ihren inneren Aufbau untersuchen. Warndienste wie das Schweizerische Institut für Schnee- und Lawinenforschung verwenden solche lokalen Beobachtungen in Kombination mit automatisch registrierenden Messstationen, meteorologischen Daten und Modellen, um die Lawinengefahr im gesamten Berggebiet einzuschätzen und täglich

Im Lee eines Bergkamms entstanden durch die Ablagerung windverfrachteten Schnees überhängende Schneegebilde, sogenannte Wechten. Auf Bergtouren muss man sich vor diesen in Acht nehmen, da sie von der Luvseite her schlecht erkennbar sind und beim Betreten unvermittelt abbrechen können.

entsprechende Gefahrenkarten und Bulletins zu veröffentlichen. Für Tourengänger und Variantenfahrerinnen ist die Kenntnis der aktuellen Lawinen-Gefahrenstufe lebenswichtig, nebst dem Mitführen der heute gängigen Lawinenverschütteten-Suchgeräte (LVS) und anderem Rettungsmaterial wie Lawinenschaufel und Sondierstange. Denn wurde eine Person durch eine Lawine verschüttet, sinken ihre Überlebenschancen nach wenigen Minuten dramatisch. Nach einer halben Stunde können weniger als die Hälfte der vollständig Verschütteten noch lebend geborgen werden.

Andere Formen von Lawinen sind *Lockerschneelawinen*, *Nassschneelawinen* und *Staublawinen*. Letztere entstehen, wenn in steilem Gelände der Lawinenschnee verwirbelt wird, viel Luft aufnimmt und anschließend als Schneewolke zu Tal rast. Mit Geschwindigkeiten von bis zu 300 km/h können große Staublawinen massive Schäden

an Siedlungen, Verkehrswegen und Schutzwäldern verursachen. In den berüchtigten Lawinenwintern gab es jeweils Dutzende von Todesopfern auf Verkehrswegen und in Siedlungen, zum Beispiel 1951 in den italienischen, österreichischen und Schweizer Alpen und etwas weniger ausgeprägt 1999 in Montroc/Chamonix (Frankreich), Evolène (Schweiz) und Galtür/Valzur (Österreich).

Den besten und zugleich kostengünstigsten Schutz vor Lawinen bietet Wald. Die Baumkronen fangen einen Teil des Schnees auf, die Temperaturen im Waldesinneren sind stabiler und der Wind kann weniger Schnee verfrachten und immer wieder fällt Schnee von den Bäumen. So können sich im Wald keine durchgehenden Schwachschichten bilden. Streng geschützte und besonders gepflegte *Bannwälder* befinden sich beispielsweise oberhalb von Andermatt und Realp im ansonsten kargen Urserental (UR).

Klassische Schneebrettlawine mit deutlich sichtbarem, linienförmigem Anriss. Beachte die Spuren von Skifahrern (Bild Jürg Schweizer, Schweizerisches Institut für Schnee- und Lawinenforschung, Davos).

Eine von den Churfirsten bei Walenstadt niedergehende Staublawine wurde durch eine Sprengung künstlich ausgelöst (Bilder Andreas Aschwanden).

Einzelne exponierte Gebäude, zum Beispiel Alphütten, lassen sich durch *Lawinenkeile* oder *Lawinenteiler* schützen, die eine Lawine teilen und am Gebäude vorbeilenken, oder eine *Ebenhöch* füllt den Zwischenraum zwischen Berghang und bergseitiger Gebäudewand, sodass eine Staublawine wie bei einer Schanze über das Dach abgeleitet wird.

Weil sich Siedlungsflächen in Berggebieten in den letzten Jahrzehnten ausdehnten und die verbauten Sachwerte zunahmen, wurden vielerorts großflächige Lawinenverbauungen errichtet, insbesondere zwischen 1960 und 1990. Während es sich bei den ältesten, im Alpenraum bekannten Lawinenschutzbauten aus dem 17. Jahrhundert um unauffällige Steinhaufen, Mauern oder Erdterrassen handelt, kommen heute meist parallele Reihen von *Stahlschneebrücken* zum Einsatz, welche die Schneedecke in 30 bis 50 Grad steilen Hängen stabilisieren. In Kauf nehmen muss man – nebst den Kosten für Bau und Unterhalt – einen erheblichen und wenig ansehnlichen Eingriff in die Landschaft. Eigenartig muten Konstruktionen an, deren Form an verkehrt aufgestellte Christbäume erinnern. Diese sogenannten *Kolktafeln* halten den Schnee nicht zurück, sondern erzeugen Windturbulenzen und damit eine ungleichmäßigere, günstigere Art der Schneeablagerung. Sie werden auch eingesetzt, um Wächtenbildung zu verhindern.

In einem Schneeprofil erkennt man den Schichtaufbau der Schneedecke, welcher Rückschlüsse auf die Stabilität der Schneedecke und Lawinengefahr in der Region ermöglicht. Die farbigen Abschnitte der Sondierstange sind jeweils 50 cm lang.

Oberflächenreif auf einer Schneedecke. Die becherförmigen Kristalle sind mehr als zentimetergroß. Werden sie von einem weiteren Schneefall zugedeckt, entsteht durch sie eine Schwachschicht, welche die Entstehung einer Lawine begünstigen kann.

Windzäune haben die Funktion, dass der vom Wind verfrachtete Schnee möglichst hinter dem Zaun abgelagert wird statt auf einem Bahntrassee, einer Straße oder in einem Lawinenanrissgebiet. Damit Verkehrswege auch bei Lawinengefahr möglichst durchgehend und sicher befahrbar bleiben, wurden zahlreiche Tunnels und Galerien gebaut. Beispielsweise gibt es auf dem Streckennetz der Rhätischen Bahn 45 Galerien mit einer Gesamtlänge von fast vier Kilometern.

Zum Schutz von Schneesportgebieten, Verkehrsachsen und exponierten Dorfteilen kann man Lawinen auch künstlich auslösen. Damit versucht man, wiederholt verhältnismäßig kleine Lawinen zu erzeugen, bevor sich gefährlich große Schneemassen ansammeln. Straßen oder Skipisten im Gefahrenbereich werden zuvor natürlich gesperrt. Die Lawine wird durch eine Sprengung ausgelöst, deren Druckwelle zum Bruch in der Schwachschicht innerhalb der Schneedecke führt. Dies geschieht meist entweder durch Abwurf von einigen Kilogramm Sprengstoff aus einem Helikopter, oder zunehmend mit fest installierten Sprenganlagen, die fernbedient Sprengstoff oder Gas über der Schneeoberfläche zur Detonation bringen. Der Vorteil solcher Anlagen ist, dass sie bei jedem Wetter und beliebiger Tageszeit eingesetzt werden können.

Im kargen Urserental (UR) schwand der Waldbestand als Folge von Rodung, Beweidung, Murgängen und Lawinen. Dank Wiederaufforstung und Pflege schützt heute ein Bannwald die Ortschaft Realp (CH, Kanton Uri).

Rechte Seite:
Oberhalb der Waldgrenze sollen umfangreiche Verbauungen den Abgang von Lawinen aus der steilen Westflanke des Männlichen verhindern und das Dorf Wengen im Berner Oberland schützen.

Die Pfarrkirche Heilig Kreuz, Oberwald, Kanton Wallis wurde 1720 beschädigt. Später fügte man den für die Kirche so charakteristischen Lawinenkeil an.

Lawinengalerie bei Campo, Vallemaggia (TI) mit Ablagerung einer Fließlawine (Bild ETH-Bibliothek Zürich, Bildarchiv, Fotograf Huber, Roger, Dia_303-20645, CC BY-SA 4.0)

Stahlschneebrücken (oben) und Kolktafeln (unten) neben dem Trassee der Rhätischen Bahn über den Berninapass. Zwischen den Kolktafeln erkennt man die erwünschte, ungleichförmige Ablagerung des Schnees in diesem stark windexponierten Gelände.

Schnee als Ressource

Zwei konkurrenzierende Gruppen beim Bau von Schneeskulpturen anlässlich des «World Snow Festival» in Grindelwald.

Den oben geschilderten Gefahren und Risiken im Zusammenhang mit Schnee stehen unersetzliche Vorteile der Ressource Schnee gegenüber. Je nach Höhenlage fällt ein Großteil des jährlichen Niederschlags als Schnee und bleibt wochen- bis monatelang liegen, bis er nach der Schneeschmelze zum Abfluss von Bächen und Flüssen beiträgt. Bei vielen Wetterlagen werden dadurch Abflussspitzen in den Flüssen geglättet und so die Hochwassergefahr reduziert. Selten kann allerdings auch der umgekehrte Fall eintreffen, wenn sich während einer Schmelzperiode ein Starkregen ereignet und die Schneeschmelze zusätzlich antreibt. Jedenfalls bildet die winterliche Schneedecke eines Hochgebirges eine riesige und unschätzbare Wasserreserve für die nachfolgende warme Jahreszeit.

Der Nutzen des Schnees für Wintersportarten wie Skifahren, Skilanglauf oder Schneeschuhwandern ist allgemein bekannt. Entsprechend weckt Schnee in den Alpenländern mehrheitlich positive Emotionen. Jung und Alt freuen sich auf den ersten Schnee des Winters, Schlitten und Skiausrüstung werden aus Keller oder vom Dachboden geholt, und wir sehnen uns nach weißen Weihnachten. Bemerkenswert ist, dass in Gebieten mit milderen Wintern wie Großbritannien Schnee bei der Bevölkerung weniger willkommen ist, weil weder Bahn- noch Straßeninfrastruktur sinnvoll auf die seltenen Schneetage ausgerichtet werden können. Zudem ist es kaum üblich, zwischen Sommer- und Winterbereifung bei Motorfahrzeugen zu wechseln, sodass ein mehrtägiges Verkehrschaos nach einem größeren Schneefall garantiert ist.

Schnee ist als Grundlage für den Tourismus im Alpenraum von überragender Bedeutung. Mit Werbung und Wettkämpfen in den verschiedenen Disziplinen des Schneesports wird für die Destinationen des Wintertourismus geworben. Als originelle Werbemaßnahme veranstaltet Grindelwald jeweils im Januar ein «World Snow Festival». Teams aus aller Welt messen sich in der Kunst des Baus großer Schneeskulpturen. Zu dieser Jahreszeit taucht die Sonne nur für kurze Zeit zwischen Mättenberg und Eiger auf und scheint auf die vergänglichen Kunstobjekte. Dennoch musste der Anlass 2022 erstmals wegen zu hoher Temperaturen abgesagt werden. Die vielfältigen Konsequenzen weltweit steigender Temperaturen und den entsprechenden weltweiten Rückgang winterlicher Schneedecken besprechen wir in Kapitel 9.

Eine dicke Decke frisch gefallenen Neuschnees lädt in flachem, lawinensicherem Terrain bei Buffalora am Pass dal Fuorn (CH) zu einer Winterwanderung ein.

3

Fließen, formen, transportieren
Gletscher

Vorhergehende Doppelseite: Mit einer Länge von rund 23 km und einem Volumen von 12 km³ ist der Grosse Aletschgletscher in den Berner Alpen die größte Eismasse der Alpen. Charakteristisch sind seine markanten Mittelmoränen, die beim Zusammenfluss dreier Gletscherarme beim Konkordiaplatz entstehen.

Zwischen den bogenförmigen Eisstrukturen auf dem Gates Glacier, Alaska, winden sich Schmelzwasserströme und leuchten türkisfarbige Schmelzwasserseen. Die Bogenstrukturen entstehen, weil das Eis in Gletschermitte schneller fließt als am Rand. Die wellenartigen Erhebungen entsprechen einer Eisbewegung während eines Jahres.

Gletscher entstehen überall dort, wo über viele Jahre hinweg mehr Schnee fällt, als durch Abschmelzen oder Verdunsten verschwindet. Durch Metamorphose des abgelagerten Schnees entsteht zunächst Firn, aus den meist meterdicken Firnschichten mehrerer Jahre durch weitere Verdichtung und Zusammenwachsen benachbarter Eiskristalle schließlich Gletschereis. In den Alpen geschieht dies in den letzten Jahrzehnten je nach lokalen Bedingungen erst in Höhenlagen ab mindestens 3000 m ü. M., in den Polargebieten auch in viel geringerer Höhe, manchmal sogar fast auf Meereshöhe. Gletscher gibt es selbst in den Tropen und Subtropen, dort allerdings nur auf 5000 oder gar 6000 m hohen Bergen, wie zum Beispiel dem Kilimanjaro in Tansania, den Anden von Ecuador und Peru oder im Himalaya.

Firnschichtung auf 5500 m ü. M. auf dem Nevado Pisco in den tropischen Anden. Die Schichtstruktur widerspiegelt den Wechsel von Regen- und Trockenzeiten. Durch den zunehmenden Druck auf die unteren Schichten entsteht Gletschereis.

Die hoch gelegenen Teile eines Gletschers, wo im Winter (oder in den Tropen in der Regenzeit) mehr Schnee fällt als im Sommer abzuschmelzen vermag, bezeichnet man in der Fachsprache als *Akkumulationsgebiet*. Jahr für Jahr legen sich dort Firnschichten über Firnschichten, jährlich ohne Weiteres mehrere Meter dick. In Gletscherspalten oder an der Abbruchfront von Hängegletschern ist diese Schichtstruktur am besten sichtbar. Hellere Schichten stammen aus früheren Wintern, die dunkleren aus Sommern. Letztere wurden durch Staub aus umliegenden Felspartien, in den Alpen manchmal auch durch Saharastaub, verfärbt. Auch Schmelzprozesse an der Firnoberfläche und später wieder gefrierendes Schmelzwasser lassen sie dunkler werden.

Bei Hochtouren muss man sich im Akkumulationsgebiet von Gletschern vor verborgenen Spalten in Acht nehmen. Triebschneeablagerungen können diese durch Bildung sogenannter *Schneebrücken* zudecken und verbergen. Das Zusatzgewicht eines Menschen kann die Schneebrücken aber zum Einsturz bringen. Deshalb muss man sich durch gegenseitiges Anseilen absichern. Allerdings ist selbst die Rettung einer unverletzten, am Seil hängenden Person keineswegs einfach und erfordert Techniken, die vorher eingeübt werden müssen.

Als Folge tiefer Temperaturen und reichlichen Schneefalls entsteht im Palmer Land auf der Antarktischen Halbinsel bis auf Meereshöhe hinunter Gletschereis. Das Gebirge im Vordergrund trägt deshalb eine Eiskappe, von welcher mehrere Eisströme bis ins Meer hinunterfließen und am laufenden Band Eisberge produzieren. Eisfrei bleiben nur die steilsten Felspartien, auf denen sich kein Schnee dauerhaft halten kann.

Wertvolle Informationen aus dem Eis

Ab Mitte des 20. Jahrhunderts gelang es Forschenden auf dem Eisschild Grönlands Bohrkerne aus mehreren Hundert Metern Tiefe an die Oberfläche zu holen. In solchen Eisproben lassen sich Jahresschichten ähnlich wie bei Baumringen abzählen. Mehr noch: Das alte Gletschereis enthält Luftblasen, die bei der Umwandlung von Firn zu Eis eingeschlossen wurden. Daraus lässt sich im Labor die genaue Zusammensetzung der Luft vor Jahrhunderten und Jahrtausenden bestimmen. Aus Bohrkernuntersuchungen wissen wir zum Beispiel, dass der CO_2-Gehalt der Erdatmosphäre während der Eiszeiten deutlich tiefer war als in der Nacheiszeit, und dass sich Klimaveränderungen wie die globale Erwärmung am Ende der letzten Eiszeit erstaunlich schnell abgespielt hatten. Altes Gletschereis enthält somit wertvolle Informationen zum Klima vor vielen Jahrtausenden.

Im Rahmen des «European Project for Ice Coring in Antarctica» (EPICA) gelangen Bohrungen bis zum Grund des ostantarktischen Eisschilds in eine Tiefe von 3270 Metern. Für die Bohreinrichtung mussten riesige, fabrikhallenartige Hohlräume in den Firn gefräst werden, in denen die Techniker ihren monatelangen Arbeiten geschützt vor extremer Kälte und Winden nachgehen konnten. Die EPICA-Bohrkerne erlauben es, die Klimageschichte der Antarktis 800 000 Jahre zurück zu rekonstruieren, also über mehrere Eiszeit-Warmzeit-Zyklen hinweg (vgl. Kapitel 8).

Bohrkerne aus hohen alpinen Firngebieten reichen zwar nicht so weit in die Vergangenheit zurück, liegen dafür aber näher bei neuzeitlichen Quellen von Schadstoffimmissionen aus Landwirtschaft, Industrie und Verkehr. Darin dokumentiert sind unter anderem wechselnde Bleikonzentrationen aus Autobenzin, Tritium von atmosphärischen Atombombentests während der 1950er-Jahre oder Pollen landwirtschaftlicher Nutzpflanzen. Allerdings gefährden steigende Temperaturen diese immens wertvollen Klimaarchive selbst in den höchsten Bergregionen der Welt. In den Firn eindringendes und wieder gefrierendes Schmelzwasser zerstört die Firnschichten und verunmöglicht eine sinnvolle Analyse, und zwar lange vor dem vollständigen Abschmelzen dieser hochgelegenen Gletscher. Deshalb werden im Rahmen des Projekts «Ice Memory» in den Alpen, Spitzbergen, mehreren asiatischen Hochgebirgen, den bolivianischen Anden und auf dem Kilimanjaro möglichst tiefreichende Eiskerne erbohrt und stets tiefgefroren in Kältelabors gebracht. Dort wird die eine Hälfte des Eises analysiert, während die andere Hälfte in die Ostantarktis transportiert und in Eiskavernen tiefgefroren gelagert wird. Sie sollen zukünftigen Generationen von Forschenden mit noch besseren Analysemethoden zur Verfügung stehen.

An der Abbruchfront des Hängegletschers auf dem Piz Palü (3899 m, CH) kommen unterschiedlich gefärbte Firnschichten zum Vorschein. Die Größenverhältnisse lassen sich anhand der Seilschaften auf dem Gipfelgrat links oben abschätzen. Ein einzelner Bergsteiger ist auf einer Spur links von der Bildmitte im Aufstieg.

Bei einer Kernbohrung auf dem Combatant Col, British Columbia, Kanada wird ein zwei Meter langes Teilstück des Eiskerns aus dem Bohrer entnommen und anschließend für den Abtransport ins Labor vorbereitet (Bild Doug Clark, University of Washington).

Immer in Bewegung

Vom Akkumulationsgebiet im Zentrum des Mt. Blanc-Massivs fließt das Mer de Glace über 13 km weit nordwärts. Im flacheren Teil dieses Talgletschers sind abwechselnd hell-dunkle Bogenstrukturen, sogenannte Ogiven, zu erkennen. Sie entstehen im Eisfall hinten im Bild und veranschaulichen die jährliche Fließbewegung des Gletschers.

Vom Entstehungsgebiet des Gletschereises, dem *Akkumulationsgebiet*, fließt es hinunter ins *Ablationsgebiet*, wo es wieder abschmilzt. Dies geschieht aufgrund zweier unterschiedlicher Mechanismen. Zum einen verhält sich Eis unter Duck plastisch, das heißt, es kann sich langsam verformen. Zum anderen gleitet der Gletscher gesamthaft über sein Felsbett. Zwischen Gletscherbasis und Felsbett eingeklemmte Gesteinspartikel scheuern dabei über Felsoberflächen und erodieren diese ab. Nachdem sich ein Gletscher zurückgezogen hat, tritt dies als Gletscherschliff (abgerundete und polierte Felspartien) und Gletscherschrammen (längliche Kratzspuren) in Erscheinung (vgl. auch Kapitel 8).

Die Eisbewegung ist wie bei einem Fluss am Rand langsamer als in der Mitte und hängt von mehreren Faktoren wie der Gletscherdicke, dem Gefälle und der Art des Gletscherbetts ab. In kleinen Gletschern in Mulden und an Bergflanken, sogenannten *Gebirgsgletschern*, bewegt sich das Eis nur ein paar Meter pro Jahr, während auf kilometerlangen *Talgletschern* Geschwindigkeiten von bis über 200 Meter pro Jahr registriert werden. In Sonderfällen wie kalbenden Gletschern in Alaska und Grönland wurden gar Eisgeschwindigkeiten von über 12 Kilometern pro Jahr registriert. Bestimmen kann man die Gletscherbewegung durch Einbohren von Messstangen ins Eis, deren Position vom Land aus wiederholt vermessen wird, oder mittels wiederholt aufgenommener Luft- oder Satellitenbilder, auf denen man die Verschiebung von Oberflächendetails des Gletschers verfolgen kann.

Die Gletscherbewegung hat zur Folge, dass das Eis eines typischen Talgletschers in den Alpen weit jünger ist, als man meinen könnte. Schon gar nicht stammt es, wie manchmal erzählt wird, aus der letzten Eiszeit. Das vergleichsweise bescheidene Alter des Gletschereises illustriert tragische Fälle von verunfallten Bergsteigern, die in letzter Zeit im Ablationsgebiet einiger Alpengletscher zum Vorschein gekommen sind. Im März 1926 verließen vier Männer die Hollandia Hütte bei der Lötschenlücke in den Berner Alpen, um über den Grossen Aletschgletscher zum Konkordiaplatz zu wandern. Wegen eines unerwarteten Schneesturms verloren sie wohl die Orientierung und erfroren. Trotz wochenlanger Suchen blieben sie verschollen, vermutlich, weil sie durch starken Schneefall zugedeckt worden waren, der auch im Folgesommer nicht abschmolz. 86 Jahre später, im Juni 2012, fanden zwei englische Alpinisten auf der Gletscherzunge Knochen, welche sich später als sterbliche Überreste der Verunfallten erwiesen. Der Fundort befand sich etwa 10,5 km gletscherabwärts vom Ort des Unfalls, woraus sich eine mittlere Bewegung von 122 Metern pro Jahr berechnen lässt.

In einer Eishöhle unter dem Rand des Grossen Aletschgletschers lässt sich beobachten, wie das Gletschereis von rechts nach links über einen Felsvorsprung schrammt. Im Eis eingeschlossene Gesteinstrümmer wie derjenige vor der Person verstärken die Erosionswirkung des Gletschers.

Gletscherschrammen neben dem Gornergletscher entstanden, als das Eis noch über diese Felspartie floss und diese erodierte.

Das Eis schmilzt

Gletschertisch auf der Pasterze, dem größten Gletscher der österreichischen Alpen. In einigen Tagen wird der mehrere Kubikmeter große Gesteinsblock nach links hinunterfallen, worauf dort die Bildung eines neuen Gletschertischs beginnt. Rechts bedeckt Gesteinsschutt einer Mittelmoräne das Gletschereis.

Dunkler Gesteinsstaub und organisches Material hat sich als Folge der Lichtabsorption und Wärmebildung ins Gletschereis hineingeschmolzen und sogenannte Kryokonitlöcher gebildet.

Im Schmelzwasser der Gletscheroberfläche tummeln sich zahlreiche Springschwänze *(Desoria saltans)*. Die rund 2 mm langen Urinsekten bevorzugen Temperaturen um 0 °C, bleiben aber bis –15 ° aktiv. Eine Sprunggabel dient zur Flucht und führte zur umgangssprachlichen Bezeichnung «Gletscherflöhe».

Im Ablationsgebiet eines Talgletschers führt die Eisschmelze zur Entstehung vielfältiger, teils kurioser Phänomene. Unter *Ablation* versteht man den Eisverlust durch Schmelzen oder Verdunsten. Schon von Weitem sind auf vielen Talgletschern *Mittelmoränen* zu sehen, dunkle Streifen aus Gesteinsschutt, welche der Gletscher talwärts trägt. Dieses Material gelangt als Folge der Gesteinsverwitterung und des Steinschlags zunächst auf den Rand, später aber durch den Zusammenfluss benachbarter Gletscherarme in die Mitte des Gletschers (vgl. Bild S. 50–51). Einzelne, auf dem Eis liegende Gesteinsblöcke führen zur Bildung von *Gletschertischen*, indem sie das unter ihnen liegende Eis vor der direkten Sonneneinstrahlung abschirmen und so die Ablation weitgehend unterbinden. Gletschertische wachsen also nicht in die Höhe, sondern die Eisoberfläche senkt sich rund um den Felsblock.

Damit ein Gletschertisch entsteht, muss der Block mindestens einige Dezimeter groß sein. Kleinere Steine oder Ansammlungen von Staub bewirken das Gegenteil. Sie schmelzen sich ins Eis hinein und verursachen sogenannte *Kryokonitlöcher*, weil sie durch ihre dunklere Oberfläche mehr Sonnenlicht absorbieren, in Wärme umwandeln und diese auf ihre Unterseite ableiten.

Dreht man etwa faustgroße, auf dem Eis liegende Steine um, hat man gute Chancen, «Gletscherflöhe» in großer Zahl anzutreffen. Diese Urinsektenart hat auf Schnee und Eis eine ökologische Nische für sich nutzbar gemacht, wo sie weitestgehend vor Fressfeinden geschützt ihr Dasein fristen kann. Sie ernähren sich von winzigen Algen, und ein körpereigenes «Frostschutzmittel» bewahrt sie vor dem Erfrieren.

Die Eisschmelze im Ablationsgebiet eines Alpengletschers beträgt je nach Höhenlage einige bis über ein Dutzend Meter. Man kann sie messen, indem man im ersten Jahr ein vertikales Loch ins Eis bohrt und darin eine Stange versenkt. Im nächsten Jahr misst man, um wieviel mehr die Stange aus dem Loch herausragt. Die Differenz ergibt

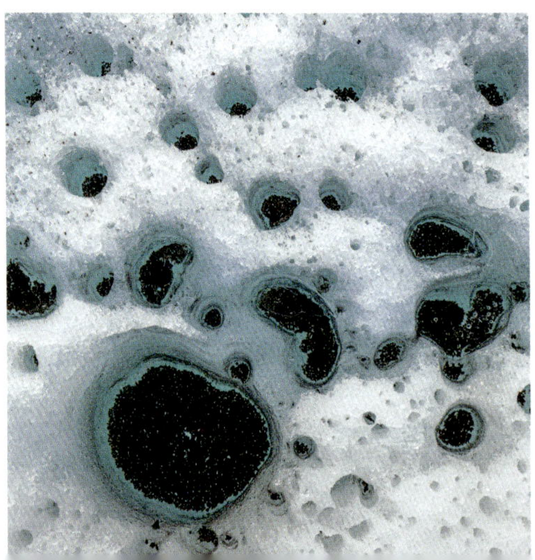

die Dicke der abgeschmolzenen Eisschicht. Heute wird an ausgewählten Gletschern in aller Welt die sogenannte Massenbilanz gemessen, das heißt die jährliche Menge an Eiszuwachs im Akkumulations- und den Eisverlust im Ablationsgebiet. Damit ein Gletscher ungefähr seine Größe wahren kann, also längerfristig weder vorstößt noch schwindet, sollte sein Akkumulationsgebiet 55 bis 65 Prozent der Gletscheroberfläche umfassen, also größer sein als das Ablationsgebiet. Nur dann entsteht mehr Eis, als an der Zunge abschmilzt. Weltweit ist dies derzeit fast nirgends der Fall. Viele Gletscher der Alpen hatten in den letzten Jahren wegen massiv gestiegener Temperaturen fast oder gar keine Akkumulation, das heißt sie verloren bis ganz zuoberst an Masse. Ihre Zungen werden sich deshalb zukünftig nicht einfach wie bisher zurückziehen, sondern ihr Schwund wird sich sogar zusätzlich beschleunigen (vgl. Kapitel 9). Nur in der Arktis und Antarktis gibt es Gletscher, deren Akkumulationsgebiet weitaus größer ist als das Ablationsgebiet. Sie fließen deshalb bis ins Meer, wo die Ablation durch Kalbung von Eisbergen erfolgt. Diesem spektakulären Vorgang widmen wir in diesem Buch das Kapitel 4.

Eine zuvor vollständig in einem Bohrloch versenkte Stange veranschaulicht nach einem Jahr die Ablation des Gletschereises beim Konkordiaplatz, Grosser Aletschgletscher, auf knapp 2700 m ü. M. Innerhalb eines einzigen warmen Sommers ist über sechs Meter Eis abgeschmolzen (Bild Matthias Huss).

Damit ein Gletscher langfristig seine Größe halten kann, sollte sein Akkumulationsgebiet mehr als die Hälfte seiner Fläche einnehmen. Ende des Jahres sollte dort Schnee und Firn liegen bleiben, wie auf dem linken, helleren Teil des Dachsteingletschers (A). Tatsächlich verlieren derzeit viele Alpengletscher in warmen Sommern nicht nur an ihrer Zunge, sondern bis ganz zuoberst an Masse und schwinden deshalb immer schneller.

Luftbild eines Schmelzwasserbachs auf dem Vadret da Morteratsch, der in einer Gletschermühle bis aufs Gletscherbett hinunterstürzt.

Der Gletscherbach des Vadret da Morteratsch trat im Sommer 2010 aus einem Gletschertor ans Tageslicht, verschwand aber gleich erneut in einem Eistunnel, um anschließend aus einem zweiten Gletschertor abzufließen. Wegen Einsturz- und Hochwassergefahr ist die Begehung solcher Eishöhlen gefährlich. Bis zur Drucklegung dieses Buches hat sich die Gletscherzunge mehrere Hundert Meter weit von dieser Stelle zurückgezogen.

Wege des Schmelzwassers

Das durch die Ablation entstandene Schmelzwasser sammelt sich auf der Gletscheroberfläche zunächst in Rinnsalen, die sich bald zu einem größeren Schmelzwasserbach vereinigen. Meist verschwindet dieser irgendwo in einer Gletscherspalte oder einem mehr oder weniger senkrechten Loch, einer *Gletschermühle*. Diese kann bis aufs Gletscherbett hinunterreichen. Dort findet das Schmelzwasser einen Weg bis zur Gletscherstirn, wo es am *Gletschertor* wieder ans Tageslicht gelangt. Das abfließende Gletscherwasser ist von mineralischen Schwebestoffen getrübt, die durch Erosion am Gletscherbett entstehen. Im Alpenraum bezeichnet die Umgangssprache dieses Phänomen als *Gletschermilch*.

Gletscher in den Gebirgen mittlerer bis tropischer geografischer Breiten bestehen hauptsächlich aus Eis, dessen Temperatur ungefähr 0 °C beträgt. Schmelzwasser kann deshalb in den Gletscher eindringen, ohne dort zu gefrieren. Bei Gletschern der Polargebiete verhält es sich anders. In deren Randzonen sind sie an den Permafrostboden angefroren, und das oberflächennahe Eis ist oft viel kälter als 0 °C. Deshalb kann Schmelzwasser weniger leicht eindringen, weil es im Inneren des Gletschers gefriert und Löcher abdichtet. Auf Gletscheroberflächen mit geringem Gefälle entstehen deshalb manchmal Anfang Sommer Schmelzwasserseen beträchtlicher Größe. Manche entleeren sich im späteren Verlauf des Sommers plötzlich, nachdem das Wasser schließlich doch einen Weg durch das Eis gefunden hat. Viel Schmelzwasser fließt auch auf der Oberfläche gegen den Gletscherrand hin ab. Dabei kann es eindrückliche Canyons ins Gletschereis erodieren, die ein unüberwindbares Hindernis bei einem Fußmarsch über den Gletscher darstellen. Auch neben dem Gletscher entwickeln Schmelzwasserströme eine gewaltige Erosionskraft und graben tiefe randglaziale Schmelzwasserrinnen, die auch lange nach dem Rückgang oder Verschwinden des Gletschers bestehen bleiben und von seiner einstmaligen Ausdehnung zeugen.

Vorhergehende Doppelseite: Zunge des Crusoe Glacier auf Axel Heiberg Island, Nunavut, Kanada. Schmelzwasserbäche haben tiefe Canyons in die Gletscheroberfläche gegraben; andere folgen dem Rand des Gletschers und erodieren dort tiefe Gräben, weil sie nicht ins kalte Eis eindringen können.

Vertikale Luftaufnahme eines Schmelzwassersees im Randbereich des Grönländischen Eisschilds.

Netzwerk mäandrierender Schmelzwasserströme auf dem Thompson Glacier auf Axel Heiberg Island. Ein Sturz in ein solches Gewässer wäre fatal, weil man sich auf dem vom Wasser blankpolierten Eis nirgends festhalten könnte. Bei den vielen schwarzen Punkten auf der Gletscheroberfläche handelt es sich um Kryokonitlöcher unterschiedlicher Größe.

Das von Gletschern erodierte und zur Zunge beförderte Gesteinsmaterial verfrachten Schmelzwasserströme ins Gletschervorfeld und lagern den Schotter dort ab. Der Blick über den Thompson Glacier und den weit verzweigten Expedition River auf Axel Heiberg veranschaulicht Prozesse im Alpenvorland während einer Eiszeit.

Nutzen und Gefahren

Ein Gemälde zeigt den vom vorstoßenden Vernagtferner aufgestauten Rofener Eissee mit zahlreichen Eisbergen. Der Seeausbruch verheerte später Teile des Tiroler Ötztals. Bild: Tiroler Landesmuseum.

Eine Eislawine vom Hängegletscher an der Südflanke des Mönchs (4110 m, CH) verdeutlicht die kolossalen Kräfte, die beim Niedergang der Eismassen wirken. Die drei Personen marschieren über die im Jungfraufirn eingegrabenen Schleifspuren, wohl ohne sich der Gefahr möglicher Nachstürze bewusst zu sein.

Gletscher sind für uns Menschen in vielerlei Hinsicht nützlich. In Hochgebirgen wie den Alpen, Anden oder dem Himalaya fällt im Sommer reichlich Schmelzwasser an und vermag während Dürreperioden ausbleibende Niederschläge teilweise auszugleichen. Von alters her wird es zur Bewässerung und Produktionssteigerung auf Weiden oder Ackerflächen geleitet. Dazu mussten an oft steilen Berghängen, manchmal sogar in senkrecht abfallenden Felswänden, Kanäle installiert werden, deren Bau und Unterhalt in früheren Jahrhunderten nur dank eines ausgeklügelten Gemeinwerks zu bewältigen war. Im Alpenraum heißen sie je nach Region Bisses, Suonen oder Waale. Gletscherwasser dient heute auch zur Stromproduktion aus Wasserkraft – zumindest solange, bis die Gletscher noch nicht ganz verschwunden sind. Mit Passstraßen oder Seilbahnen erschlossene Gletscher werden als Touristenattraktionen genutzt und ermöglichen das Skifahren bis weit in den Sommer hinein.

Dem Nutzen der Gletscher stehen mancherorts allerdings Gefahren gegenüber. Zu den ältesten, historisch belegten Gletscherkatastrophen zählen Ausbrüche von Gletscherseen. Der Vernagtferner im österreichischen Bundesland Tirol ist heute weit zurückgeschmolzen und weitgehend harmlos. Ganz anders im 17. bis 19. Jahrhundert: Während der Kleinen Eiszeit schwoll seine Zunge mehrmals stark an, vereinigte sich mit dem benachbarten Guslarferner und stieß ins Rofental hinunter vor, ein Seitental des Ötztals. Dort staute er den Abfluss des weitaus größeren Hintereisferners zu einem bis 1700 m langen Gletschersee auf, in dem zahlreiche Eisberge schwammen. Am 20. Juli 1600 brach der Eisdamm, wonach die Sturzflut das Ötztal verwüstete. Später folgten weitere Seeausbrüche. Ebenfalls verheerend waren die Folgen der Vorstöße des Glacier du Giétroz in den Walliser Alpen. Eisabbrüche von seiner Zunge bauten einen Kegel aus Eistrümmern auf, welcher den Fluss Drance de Bagnes aufstaute. Versuche, den Eisstausee künstlich und kontrolliert zu entleeren, scheiterten und verursachten sogar einen plötzlichen Seeausbruch, der in Martigny 44 Menschenleben forderte. Statt vorzustoßen ziehen sich heute die meisten Gletscher der Welt zurück. Allerdings entstehen auch bei Gletscherschwund neue Gefahrenherde durch Gletscherseen hinter Endmoränen (vgl. Kapitel 9).

Eine Gletscherkatastrophe ganz anderer Art ereignete sich am 30. August 1965 während der Bauarbeiten für den Mattmark-Stausee im Walliser Saastal. Von der Zunge des Allalingletschers brachen plötzlich knapp 2 Mio. m^3 Eis ab und stürzten auf eine Arbeitersiedlung. 88 Menschen, 56 davon italienischer Nationalität, wurden von den

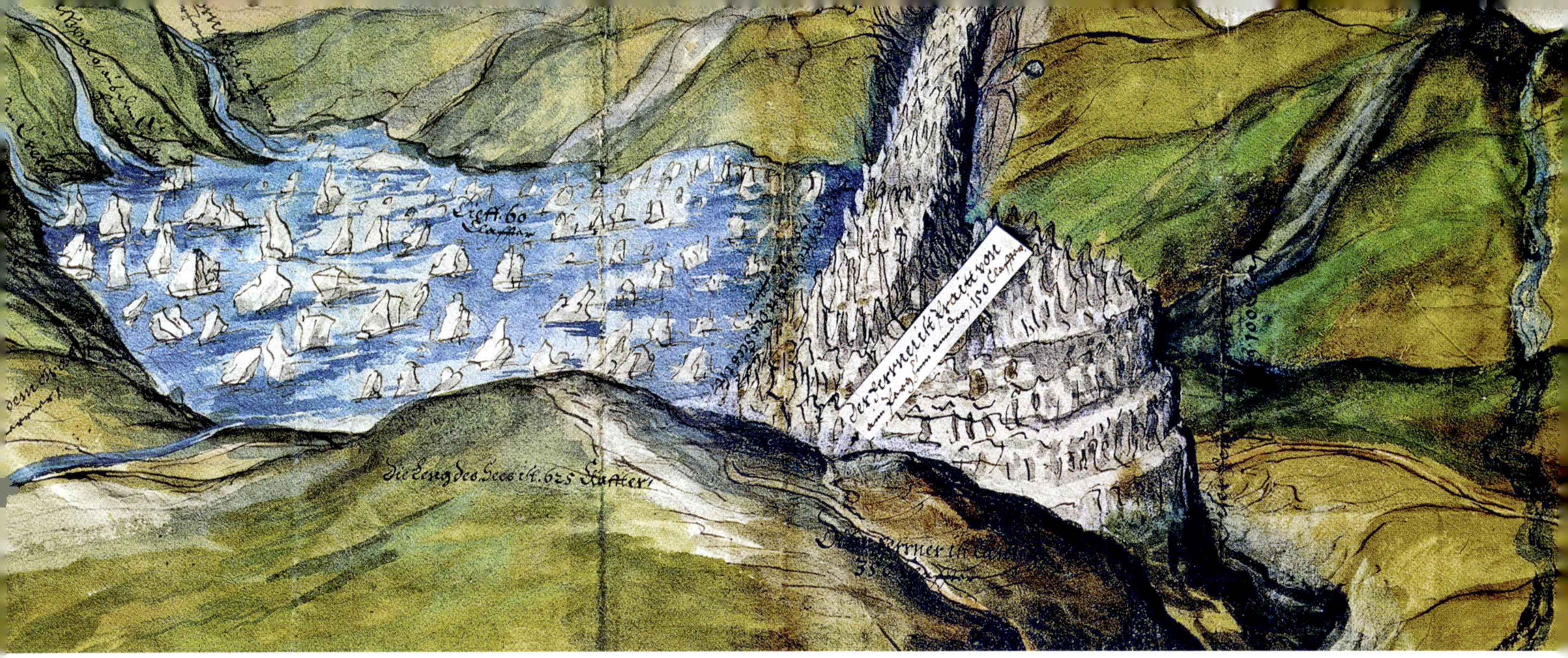
Tieff. 60 Klaffter
die leng des Sees ist. 625 Klaffter

Eismassen begraben. Keiner der Verschütteten konnten lebend aus der bis zu 50 Metern dicken Schicht von Eistrümmern geborgen werden. Das Ereignis löste viel Betroffenheit aus und führt später zur intensivierten Erforschung potenziell gefährlicher Alpengletscher.

Die bisher folgenschwersten Gletscherkatastrophen ereigneten sich in den tropischen Anden. Im November 1984 registrierten Wissenschaftler am vergletscherten Vulkan Nevado del Ruiz in Kolumbien zunehmende Aktivität in Form von Erdstößen, heißen Gasaustritten und kleineren Ausbrüchen. In einem Bericht warnte ein italienisches Team vor Schlammströmen, die bei einem größeren Ausbruch zu erwarten waren. Die Warnung der Fachleute wurde von den lokalen Behörden leider nicht ernstgenommen. Ein Jahr nach Beginn der Unruhe brach der Nevado del Ruiz am 13. November 1985 heftig aus und schleuderte sein Auswurfsmaterial bis in eine Höhe von 30 km. Dieses verursachte keine direkten Schäden, doch wurde durch die Hitze des Ausbruchs ein beträchtlicher Teil der Eiskappe auf dem Vulkan geschmolzen. Das Schmelzwasser vermischte sich mit Vulkanasche, Geröll und Sand und stürzte durch das Tal des Rio Lagunilla 70 km weit bis zur Stadt Armero und überflutete diese. Mindestens 25 000 Menschen kamen ums Leben.

Bei der Gletscherkatastrophe vom 31. Mai 1970 im Nachbarland Peru war kein Vulkan im Spiel. Bei einem schweren Erdbeben lösten sich vom Gipfel des Huascarán Norte (6655 m) 50 Mio m^3 Gletschereis und Fels. Die Massen stürzten talwärts, übersprangen einen vermeintlich schützenden, 200 m hohen Bergkamm und überfuhren die Stadt Yungay, wo (je nach Quellenangabe) 12 000 bis 20 000 Menschen den Tod fanden.

Eisabbrüche gehören wie Steinschlag zu den Risiken, denen Alpinisten auf bestimmten Routen ausgesetzt sind. In seltenen Fällen erfolgen Abbrüche auch von erstaunlich kleinen Gletschern. Am 3. Juli 2022 löste sich der untere Teil des Gipfelgletschers an der Punta Rocca (3309 m) in der Marmolata-Gruppe in den Dolomiten und stürzten über die normale Aufstiegsroute zur Punta Penia. Elf Alpinisten fanden den Tod, sieben weitere wurden zum Teil schwer verletzt. Glaziologen vermuten, dass bei außerordentlich warmer Witterung Schmelzwasser in den Gletscher eingedrungen und möglicherweise Permafrost aufgetaut war, was die Haftreibung des Gletschers auf seinem Untergrund reduziert und den Abbruch letztlich ausgelöst hatte. Leider lassen sich solche Ereignisse bis heute nicht voraussagen und gehören zu den Restrisiken beim Bergsteigen in steilem, vergletschertem Gelände.

Landschaftswandel im Gebirge

Seit dem ausgehenden 19. Jahrhundert registrieren Naturforschende die Veränderungen an den Gletschern der Alpen mit jährlichen Messungen an den Gletscherzungen. Abgesehen von kleineren Vorstößen um 1920 sowie in den 1970er- und 80er-Jahren findet seit Messbeginn ein starker allgemeiner Gletscherschwund statt, welcher sich seit der letzten Jahrtausendwende immer mehr beschleunigt. Die zurückweichenden Gletscherzungen hinterließen dabei Ablagerungen von Gesteinsschutt in Form von End- und Seitenmoränen. Bei größeren Gletschern ragen diese heute bis über 200 Höhenmeter über die aktuelle Gletscherstirn auf. Deshalb befinden sich viele Schutzhütten der Alpenvereine hoch über dem Talboden, weil sie ursprünglich entlang der Aufstiegsrouten neben den einstmals viel größeren Talgletschern errichtet worden waren. Durch deren Rückgang verändert sich das Landschaftsbild erheblich. Die zurückbleibenden Lockergesteinsmassen der Moränen sind für Berggänger oft kaum überwindbar und bilden ein Reservoir für Steinschlag und Murgänge. Andererseits beleben neue Seen das Landschaftsbild, und Pionierpflanzen besiedeln nach und nach das eisfrei gewordene Gelände (vgl. Kapitel 9).

Das 1872 aufgenommene Bild des Gaisbergferners (links, E. Laramy, Paris) im südlichen Ötztal ist möglicherweise eine der ältesten Fotografien eines Alpengletschers. Kurz nach dem Ende der Kleinen Eiszeit ist die Zunge nur wenig von ihrem durch Moränen gekennzeichneten Höchststand zurückgewichen. Bis 2012 (Mitte) ist der kleine Talgletscher bis auf einen kleinen Rest zurückgeschmolzen. Im August 2023 (rechts, Mario Deutschmann) gibt es selbst auf den höchsten Teilen keine Altschneereste mehr, der Gletscher erfährt also überhaupt keinen Firnzuwachs.

4

Kalben, schwimmen, wandern

Eisberge auf großer Fahrt

Vorhergehende Doppelseite: Eisberge vom Daugaard-Jensen Gletscher im Nordvestfjord in Ostgrönland.

Zwei über die Wasserlinie hinausragende Türme dieses grönländischen Eisbergs sind durch einen gemeinsamen Kiel miteinander verbunden. Bei den blauen, im linken Teil erkennbaren Linien handelt es sich um ehemalige Gletscherspalten, in welche Schmelzwasser eingedrungen war und wieder gefror.

Bizarre Formen, strahlendes Weiß oder Türkis vor dem tiefen Blau des Meeres, überwältigende Dimensionen: Eisberge lassen Polarreisende nie kalt. Die schwimmenden Giganten sind eine der hervorragenden Attraktionen auf einer Expedition in die Arktis oder Antarktis. Weil sich instabile Eisberge ohne Vorwarnung umdrehen, auseinanderbrechen und gefährliche Wellen auslösen können, muss man mit Booten allerdings einen gebührenden Sicherheitsabstand einhalten.

Eine Kalbung an der Stirn des Kronebreen in Spitzbergen erzeugt neue Eisberge. Ein flaches Stück der Gletscherfront kippt vornüber, stürzt ins Wasser des Fjords und löst eine Schwallwelle aus. Die kleinen Eisberge im Vordergrund stammen von früheren Kalbungen.

Die meisten Eisberge entstehen bei Gezeitengletschern, das heißt bei solchen, deren Zungen das Meer erreichen. Oft geschieht dies in Fjorden, deren Entstehung ihrerseits mit eiszeitlichen Vergletscherungen zusammenhängt (Kapitel 8). Das Meerwasser überträgt viel Wärmeenergie ins Eis und bringt es unterhalb der Wasserlinie zum Schmelzen. Dadurch entsteht an der Gletscherfront eine senkrechte oder überhängende Eiswand. Typischerweise neigt sich diese nach vorn, während sich dahinter Gletscherspalten öffnen. Ein größerer Eisabbruch kündigt sich oft dadurch an, dass zunächst kleinere Brocken ins Wasser stürzen, bevor Tausende, manchmal sogar Millionen Tonnen Eis von der Gletscherfront abbrechen und unter großem Getöse ins Wasser stürzen. Diesen Vorgang nennt man *Kalben*, weil der Gletscher sozusagen einen oder mehrere Eisberge «geboren» hat. Besonders imposant sieht es aus, wenn die Eisberge zunächst tief ins Wasser ein- und anschließend wieder auftauchen und hoch aufschießende Wasserfontänen erzeugen. Überraschend kann auch eine Eismasse sogar vor der Gletscherfront aus dem Wasser auftauchen, nachdem sie sich zuvor – für einen Beobachter zunächst unsichtbar – unterhalb der Wasserlinie vom Gletscher gelöst hat und durch ihren Auftrieb nach oben befördert wurde.

Weil sich die Statik der Gletscherfront beim Kalben verändert, folgen manchmal innerhalb kurzer Zeit weitere Abbrüche. Nach wiederholten Kalbungen breitet sich vor dem Gletscher ein undurchdringliches Chaos von Eisbergen aller Größen aus, welche die Wasseroberfläche weitgehend zudecken. Für dieses Phänomen gibt es in der grönländischen Sprache die Bezeichnung *Sikussak,* welche in die glaziologische Fachliteratur Eingang gefunden hat.

Zwei Walrosse *(Odobenus rosmarus)* nutzen in Ermangelung von Packeisschollen einen kleinen Eisberg als sonnigen Rastplatz vor der Ostküste von Nordaustlandets im Spitzbergen-Archipel.

Die Spitze des Eisbergs

Kalbungen verursachen in der Wasserfläche vor dem Gletscher sogenannte Schwallwellen. Diese sind heimtückisch, weil sie auf dem offenen Wasser zunächst harmlos aussehen, sich beim Auflaufen auf ein Ufer aber massiv auftürmen, brechen und nichtsahnenden Personen noch weit landeinwärts gefährlich werden können. Allerdings ist auch auf offenem Wasser Vorsicht geboten, wenn man sich mit einem Schiff oder Boot einem Eisberg nähert. Wegen des geringen Dichteunterschieds zwischen Wasser und Eis ragt nur die buchstäbliche Spitze des Eisbergs über den Wasserspiegel, während – je nach Luftblasengehalt des Eises – 80 bis 90 % des Volumens darunterliegt. Die Eismasse unterhalb der Wasserlinie bezeichnet man als Kiel des Eisbergs. Vor dessen Ausläufern müssen sich Bootsführer in Acht nehmen; allzu leicht kann man mit einem Boot darauf auflaufen und im Rumpf ein Leck schlagen. Auch können Teile des Eisbergs abbrechen, den Eisberg aus dem Gleichgewicht und in der Folge zum Kippen bringen. Schiefstehende Uferlinien an den Seiten eines Eisbergs lassen erkennen, dass er sich bereits früher gedreht hat. Wegen des weit hinunterreichenden Kiels stranden Eisberge manchmal in großer Entfernung vor einer Küste. Tun das viele beieinander, spricht man von einem Eisbergfriedhof.

Teilnehmende einer Expeditionsschiffreise genießen einen klaren, ruhigen Abend mit Blick auf die Formenvielfalt riesiger Eisberge im Scoresby Sund, dem größten Fjordsystem Grönlands. Am Eisberg rechts erkennt man schräg liegende, frühere Wasserlinien, die entstanden, bevor er sich in eine neue Lage drehte.

Polarreisende erkunden die märchenhafte Welt aus Gletschern, Eisbergen und Berggipfeln des Liefdefjorden im Norden Spitzbergens. Torbögen in Eisbergen, wie derjenige in der Bildmitte, können auf Schmelzwasser-tunnels im Inneren des kalbenden Gletschers zurück-gehen.

80 bis 90 % des Volumens eines Eisbergs liegen unter der Wasserlinie. Dieser sogenannte Kiel ist im klaren Wasser deutlich erkennbar.

Mündet der Gletscher in einen Fjord ausreichender Tiefe, verliert die Gletscherzunge den Kontakt zum Gletscherbett und beginnt zu schwimmen. Wegen Gezeiten, Strömungen im Fjord oder kräftigen Fallwinden können sich von der schwimmenden Gletscherzunge große Teile lösen und als sogenannte *Tafeleisberge* langsam davondriften (vgl. unten). Auch dieser Vorgang wird als Kalbung bezeichnet.

Eisberge faszinieren durch die Vielfalt ihrer Erscheinungsformen. Manche wirken wie abstrakte Kunstwerke der Natur. Dazu kommt, dass sich ihre Pracht bei Windstille im ruhigen Wasser des Fjords spiegelt. Mit etwas Glück begegnet man auch Eisbergen, welche sich Seehunde oder Walrosse als Ruheplatz ausgesucht haben. Viele Eisberge sind leuchtend weiß, andere verblüffen mit Grün-, Blau- und Türkistönen. Manche werden auch von tiefblauen Adern durchzogen. Diese entstanden schon vor der Kalbung, als oberflächliches Schmelzwasser in Gletscherspalten floss und dort wieder gefror. Dabei entsteht Eis mit einem geringen Gehalt an Luftblasen, was die Blaufärbung verursacht.

Vereinzelt begegnet man Eisbergen, die von ihrem Ursprungsgletscher stammendes Moränenmaterial mit sich führen. Solche schuttbedeckten Eisberge haben ein Phänomen zur Folge, welches sich Forschende bei der Rekonstruktion vergangener Eiszeiten zunutze machen. Wenn ein solcher Eisberg schmilzt oder sich umdreht, fallen die mitgeführten Gesteinstrümmer ins Wasser, versinken und graben sich beim Aufprall in den

Schlamm auf dem Meeresboden ein. Diese sogenannten *Dropstones* können später von weiteren Meeresablagerungen überdeckt und solchermaßen konserviert werden. Durch geologische Prozesse aus der Tiefe angehoben und durch Erosion ans Tageslicht gebracht, berichten uns Dropstones von weit zurückliegenden Vereisungsphasen unserer Erde. Zahlreiche Exemplare gibt es paradoxerweise in der heute knochentrockenen Wüste Namib.

Weil solche und andere Eiszeitrelikte weltweit verbreitet sind, formulierten Forscher die Schneeball-Erde-Theorie. Gemäß dieser war die Erde vor 750 bis 580 Millionen Jahren mehrmals ganz oder zumindest weitgehend vergletschert; sogar die Ozeane könnten bis in Äquatornähe von Packeis bedeckt gewesen sein. In diesen frühen Eiszeiten wäre das Weltklima noch weitaus kälter gewesen als im jüngsten Eiszeitalter, welches vor «nur» 2,6 Millionen Jahren einsetzte. Andere Spuren deuten sogar auf noch ältere Vereisungen vor etwa 2,3 bis 2,2 Milliarden Jahren hin. Das eher unscheinbare Phänomen der Dropstones ermöglicht also einen faszinierenden Einblick in folgenschwere klimatische Veränderungen in weit zurückliegenden geologischen Epochen.

Dieser Eisberg trägt Moränenmaterial von seinem Ursprungsgletscher mit sich. Irgendwann werden die Felsbrocken ins Wasser fallen und als sogenannte Dropstones in die Meeressedimente eingelagert werden.

Der Geologe Paul Hoffman steht in Namibia vor Gesteinsschichten, welche Dropstones bis Metergröße enthalten. Hoffman ist einer der Begründer der Snowball- Earth-Theorie, welche die weltweite Verbreitung solcher Phänomene mit einer globalen Vereisung der Erde vor 600 bis 700 Mio. Jahren in Zusammenhang bringt.

Fjorde und Inseln entstehen

Auf einer Untiefe zwischen Røde Ø («Rote Insel») und Milne Land in Ostgrönland sind zahlreiche Eisberge gestrandet. Gut erkennbar ist bei den größeren der tiefreichende Kiel an der Türkisfärbung des Wassers.

Kehren wir zurück zu den Kalbungen heutiger Gletscher. Unter massiver Produktion von Eisbergen ziehen sich manche schwimmenden Gletscherzungen extrem schnell zurück, geben dabei ganze Fjorde frei und lassen neue Inseln entstehen. Ein interessantes Beispiel dafür findet derzeit in Spitzbergen statt. Im Süden der großen Hauptinsel befindet sich der von einer imposanten Bergkulisse umgebene Hornsund. Eigentlich verdient dieser lange und verzweigte Fjord diesen Namen nicht, weil mit «Sund» eine Meerenge, also eine Passage zwischen zwei Landmassen, gemeint ist. Allerdings schwinden die vielen Gezeitengletscher im Hornsund seit mehr als einem Jahrhundert, in den letzten Jahrzehnten teilweise sogar um mehr als 200 m pro Jahr. Deshalb kann man heute mit Expeditionsschiffen in Seitenarme hineinfahren, die noch vor ein paar Jahren vollständig vergletschert waren. Am hintersten Ende des Hornsunds besteht nur noch eine wenige Kilometer breite Verbindung zwischen Sørkapp Land (Südkapland) und dem Hauptteil Spitzbergens. Allerdings besteht diese Verbindung oberhalb des Meeresspiegels nur aus Gletschereis. Wenn dieses in naher Zukunft wegschmilzt, wird aus Sørkapp Land eine eigenständige, neue Insel und der Hornsund schlussendlich doch noch seinem Namen gerecht.

So eindrücklich solche von Gezeitengletschern verursachte Landschaftsveränderungen in Spitzbergen auch sein mögen, so sind sie doch eher klein im Vergleich zu dem, was sich derzeit in Grönland und in der Antarktis abspielt. Die Kalbungsfront des Gezeitengletschers Sermeq Kujalleq in der Nähe der westgrönländischen Stadt Ilulissat verlagerte sich von 1851 bis 2006 um 50 km landeinwärts. Dabei brachen *jährlich* Eisberge mit einem Gesamtvolumen von 40 km^3 ab; das ist annähernd gleich viel wie das Gesamtvolumen aller 2020 verbleibenden Gletscher der Schweiz! Der bis zur Drucklegung größte registrierte, einzelne Eisberg Grönlands entstand weiter nördlich am riesigen Petermann-Gletscher. Im August 2010 brach der ganze Vorderteil seiner Zunge ab und driftete als gewaltiger Tafeleisberg in die Nares-Straße, die Meerenge zwischen Grönland und Ellesmere Island. Mit einer Fläche von 260 km^2 war er größer als das Fürstentum Liechtenstein. Angetrieben von Wind- und Meeresströmungen driftete er zunächst südwärts ins Kane Basin und anschließend in die Baffin Bay. Während immer wieder Stücke davon abbrachen, bewegte sich der Hauptteil auf verschlungenem Pfad der Küste von Baffin Island entlang und erreichte zuletzt die Halbinsel Labrador. Im September 2011 strandeten dort die letzten Reste nach einer 4500 km langen Drift.

Luftbildmosaik des Südteils von Spitzbergen; der Bildausschnitt misst in der Vertikalen 93 km. Der Hornsund, das verzweigte Fjordsystem oberhalb der Bildmitte, vergrößert sich durch Gletscherrückgang und Eisbergproduktion sehr schnell und wird in den nächsten Jahren ganz bis zur Ostküste durchbrechen. Die derzeitige Südspitze Spitzbergens wird dann zu einer separaten Insel. Quelle: Norwegian Polar Institute

Im August 2010 löste sich ein 260 km² großer Teil der Zunge des riesigen Petermann-Gletschers im Nordwesten Grönlands. Der Fjord ist hier etwa 15 km breit (Satellitenbild NASA).

Eisberge auf Kollisionskurs

Viele der von westgrönländischen Gletschern produzierten Eisberge folgen einer ähnlichen Route. Mit dem Labradorstrom gelangen sie manchmal bis in die Meeresgebiete vor Neufundland, genau dorthin, wo der Seeweg zwischen Europa und der nordamerikanischen Ostküste verläuft, und gefährden die Schifffahrt. Allgemein bekannt ist der Untergang der Titanic, der im gleichnamigen Spielfilm dramatisiert wurde. In der Nacht vom 14. auf den 15. April 1912 kollidierte das unter Volldampf westwärts fahrende Passagierschiff mit einem rund 300 000 Tonnen schweren Eisberg. Ausguck und Erster Offizier hatten die drohende Gefahr trotz klaren Wetters, aber in mondlos dunkler Nacht zu spät wahrgenommen. Ein Ausweichmanöver misslang, der Schiffsrumpf wurde unter der Wasserlinie durch den Kiel des Eisbergs auf großer Länge aufgerissen, und die damals als «praktisch unsinkbar» geltende Titanic ging Stunden später unter. 1514 Passagiere und Besatzungsmitglieder fanden den Tod, nur 710 Menschen konnten vom herbeigeeilten Schiff Carpathia gerettet werden.

Noch heute erfordert die Navigation vor Neufundland viel Vorsicht. Allerdings verfügen alle modernen Schiffe über Radar, eine Technik, die erst im Lauf des Zweiten Weltkriegs erfunden wurde und entsprechend für die Titanic noch nicht zur Verfügung gestanden hatte. Dank ihrer Radarechos sind auch kleinere Eisberge selbst auf große Distanz gut zu erkennen, und dies sogar bei dichtem Nebel, welcher wegen der kalten Meeresoberfläche hier häufig vorkommt. Problemtisch sind Eisberge heutzutage hingegen für Erdöl- oder Erdgas-Förderplattformen, da diese normalerweise fest installiert sind und somit keine Ausweichmanöver ausführen können. Zwar gibt es heute auch schwimmende Plattformen, doch auch diese lassen sich nicht in ausreichend kurzer Frist bewegen. Deshalb wird die Drift von Eisbergen an der Ostküste Kanadas genau überwacht. Wird einer durch Meeresströmung und Wind in Richtung einer Förderplattformen getrieben, wird er abgeschleppt, bevor es zu einem Zusammenstoß kommen kann. Dies geschieht allein in Kanada einige Hundertmal pro Jahr.

Zum Bewegen von Eisbergen mit Massen bis einige Millionen Tonnen zieht ein Schlepper ein kilometerlanges, mehr als armdickes Tau hinter sich her, umrundet den Eisberg und «fängt» ihn mit einer Schlaufe ein. Dann wird während vieler Stunden, manchmal auch während einiger Tage, mit einer Zugkraft von vielen Tonnen quer zur aktuellen Bewegungsrichtung des Eisbergs gezogen. Dessen Drift wird dadurch zwar nicht gestoppt, aber die Bewegungsrichtung so weit geändert, dass er die Förderplattform schließlich verfehlt. Sind zwei Schlepper verfügbar, kann man den Eisberg auch

Formenvielfalt von Eisbergen im Scoresbysund in Ostgrönland.

mit einem zwischen beiden Schiffen gespannten Seil bewegen. Unter Umständen muss das Schlepptau mit Gewichten beschwert und unterhalb der Wasserlinie des Eisbergs angebracht werden, damit es näher an dessen Schwerpunkt angreift. Damit wird verhindert, dass sich der Koloss umdreht statt sich in die gewünschte Richtung zu bewegen. Kleinere Eisbrocken kann man einfacher bewegen, indem man sie sozusagen «wegspült». Dies erreicht man, indem man sich mit dem Schiffsheck voraus nähert und kurz vor dem Kontakt auf volle Kraft voraus wechselt. Der von den Antriebspropellern nach hinten ausgestoßene Wasserstrom bewegt dann den Eisberg in die entgegengesetzte Richtung des Schiffs.

Neufundlands Eisberge bringen allerdings nicht nur Ungemach mit sich. Sie lassen sich im Frühsommer sogar touristisch vermarkten. Die Ortschaft Twillingate wirbt als «iceberg capital of the world» mit der blau-weißen Sehenswürdigkeit um Touristen, während der lokale «iceberg cowboy» ein anderes Geschäftsfeld bewirtschaftet. Mit einem Schwimmbagger fischt er Eisbrocken aus dem Wasser, zerkleinert sie auf einem Ponton und verkauft das jahrtausendealte Eis an eine Whiskey-Destillerie. Angeblich soll es dem Hochprozentigen eine ganz besondere Geschmacksnote verleihen.

Tafeleisberge der Antarktis

Die bei Weitem größten und langlebigsten Eisberge gibt es in der Antarktis. Es sind Tafeleisberge von derart riesigem Ausmaß, dass man sie nur auf Satellitenbildern in ihrer Gesamtheit überblicken kann. Sie entstehen durch Ablösung meerseitiger Teile von *Schelfeis*. Schelfeise entstehen dort, wo Eisströme aus dem Inneren der Antarktis die Küste erreichen. Im polaren Klima ist es dort ganzjährig so kalt, dass selbst auf Meereshöhe kaum Eis schmilzt. Die riesigen Gletscherzungen fließen deshalb schwimmend weit aufs offene Wasser hinaus. In den großen antarktischen Meeresbuchten vereinigen sich mehrere Gletscherzungen und ernähren das Schelfeis. Statt zu schmelzen, erhält es durch Schneefall von oben und Anfrieren von Meerwasser an der Unterseite sogar noch weiteren Zuwachs. So entstehen bis 1000 Meter dicke, schwimmende Eisplatten mit gewaltiger horizontaler Ausdehnung. Das Ross-Schelfeis in der Ostantarktis ist mit 473 000 km^2 größer als Schweden; das Filchner-Ronne-Schelfeis in der Westantarktis ist mit 422 000 km^2 fast ebenso groß.

Wachstum und Schwund der antarktischen Schelfeise erfolgt nicht unmittelbar als Reaktion auf Klimaveränderungen, wie wir es von Gletschern in den gemäßigten Breiten kennen. Vielmehr dehnen sie sich infolge des enormen Eisnachschubs aus dem Inneren des Kontinents langsam nach außen aus. Nach Jahrzehnten des Wachstums kalben sie einen oder mehrere riesige Tafeleisberge, worauf ein erneutes Wachstum des Schelfeises die entstandene Lücke wieder auffüllt.

Der bis zur Drucklegung dieses Buchs größte bekannte Tafeleisberg mit der lapidaren Bezeichnung B-15 hatte zunächst eine Fläche von 11 007 km^2 – mehr als ein Viertel der Schweiz. Er löste sich Ende März 2000 vom Ross-Schelfeis. Zu Beginn war er 295 km lang und bis 37 km breit. Erst driftete er nach Norden, später westwärts der antarktischen Küste entlang, dann durch das Weddellmeer wiederum nach Norden. Letzte Reste wurden noch 18 Jahre später bei Südgeorgien gesichtet.

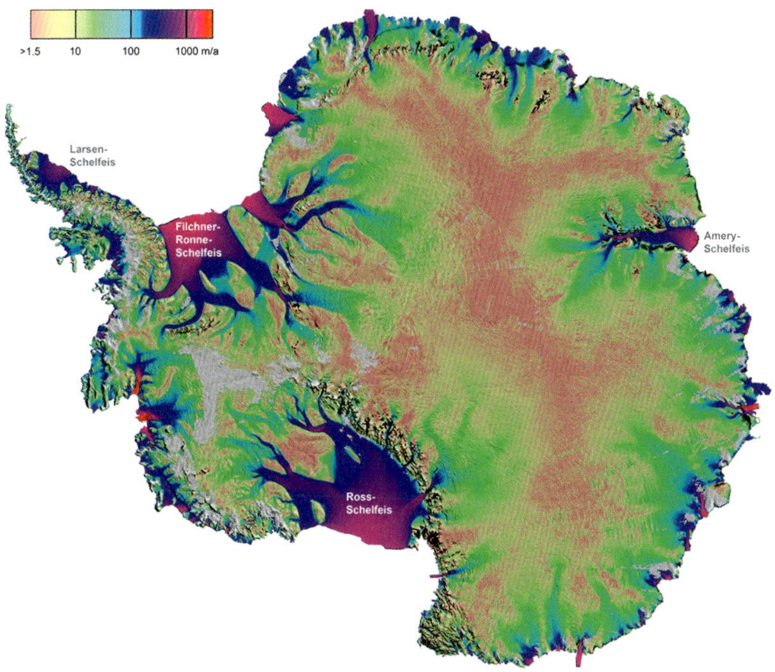

Vergletscherung des Kontinents Antarktika mit Schelfeisen. Mit unterschiedlichen Farben wird die Fließgeschwindigkeit des Eises dargestellt. Auf den Schelfeisen bewegt sich das Eis bis 1000 m pro Jahr Richtung Eisrand, wo immer wieder riesige Tafeleisberge losbrechen. Quelle: NASA.

Drift des Tafeleisbergs A-68 vom Larsen-Schelfeis bis nach Südgeorgien. Die blauen Linien zeigen auch Driftrouten anderer Eisberge in diesem Teil der Antarktis. Quelle: ESA

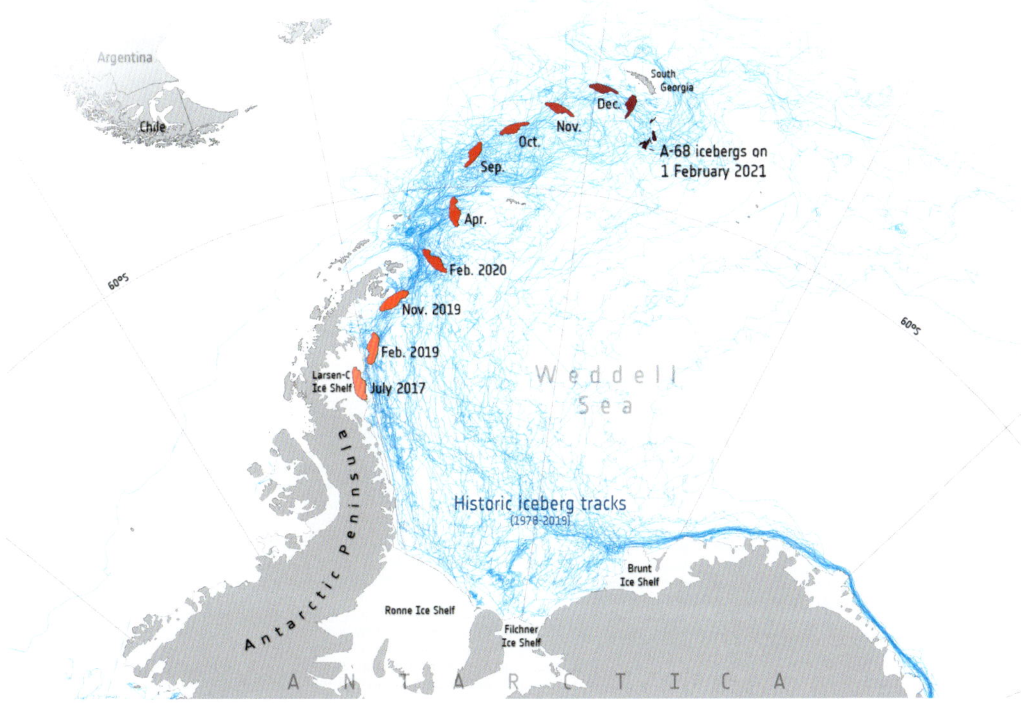

Vorhergehende Doppelseite: Kilometerlange antarktische Tafeleisberge ragen Dutzende Meter aus dem Wasser und können bis 500 m dick sein.

Besonders viel Aufsehen erregte die Drift des Tafeleisbergs A-68. Im November 2016 beobachteten Wissenschaftler aus einem Forschungsflugzeug, dass sich im Larsen-Schelfeis an der Ostseite der Antarktischen Halbinsel ein langer Riss gebildet hatte. Mit Satellitenbildern konnte man beobachten, wie sich dieser immer mehr verbreiterte, bis sich schließlich ein 5800 km^2 große Tafeleisberg ganz vom Schelfeis löste. Er bewegte sich zunächst nur wenig, driftete aber ab 2019 immer schneller nach Nordwesten. Er war zunächst 175 km lang, 50 km breit und etwa 200 m dick. Dies entspricht einer Masse von rund einer Trillion Tonnen. Nachdem mehrere Teile abgebrochen waren, näherte sich das größte verbleibende Stück der Insel Südgeorgien bis auf 80 km. Tafeleisberg und Insel waren zu jenem Zeitpunkt etwa gleich groß. Es wurde befürchtet, dass die einheimische Tierwelt durch blockierte Migrationsrouten und den Eintrag großer Mengen von Schmelzwasser gefährdet würde. Schließlich zerbrach der Tafeleisberg, ohne viel Schaden angerichtet zu haben, und die letzten Stücke schmolzen im Südatlantik dahin.

Ließen sich Tafeleisberge aus der Antarktis vielleicht sogar nach Norden schleppen, um mit ihrem Schmelzwasser Trockengebiete in den Subtropen zu bewässern? In den 1970er-Jahren gab es eine Reihe von Studien, welche die Machbarkeit solcher Projekte nachzuweisen versuchten. Allerdings wurde bisher kein einziges realisiert. Die Kosten schienen bisher zu hoch, um mit traditionellen Methoden der Süßwassergewinnung wie Meerwasserentsalzung konkurrenzieren zu können. Nach wie vor ungelöst ist unter anderem das Problem, wie man Eisberge mit Hunderten Metern Tiefgang in seichte Meeresgebiete wie den Persischen Golf bewegen könnte. Zudem hätte die unterwegs unvermeidlich auftretende Eisschmelze möglicherweise verheerende ökologische Auswirkungen auf die betroffenen Meeresregionen.

Für Schlagzeilen in der internationalen Presse sorgt derzeit der Thwaites-Gletscher in der Westantarktis. Zusammen mit dem Pine-Island-Gletscher wirkt er wie eine Art Stöpsel, der den flächenmässig weitaus größeren Westantarktischen Eisschild zurückhält. Derzeit ist ein aufwändiges internationales Forschungsprogramm unter der Leitung des Vereinigten Königreichs und den Vereinigten Staaten im Gang. Dies geschieht aufgrund von Bedenken, dass der Thwaites-Gletscher empfindlich auf die Erwärmung der Atmosphäre und des Ozeans reagiert. Anzeichen deuten darauf hin, dass die schwimmende Gletscherzunge etwa von der Größe Großbritanniens schnell dünner wird und in Eisberge zerfällt. Ein möglicher Zusammenbruch in den nächsten Jahrzehnten oder Jahrhunderten könnte die Masse des Westantarktischen Eisschilds destabilisieren und zu einem globalen Anstieg des Meeresspiegels von bis zu drei Metern führen.

Das Forschungsschiff MV Polarstern versorgt die deutsche Forschungsstation Neumeyer. Es ist am Rand des Ekström-Schelfeises (oben im Bild) vertäut. Bei den Schollen im Vordergrund handelt es sich um Meereis.

Im November 2016 kündigte eine breiter werdende Spalte die Ablösung eines neuen, gewaltigen Tafeleisbergs vom Larsen-C-Schelfeis an. Quelle: John Sonntag/NASA.

5

Gefrieren, driften, zerfallen
Eis auf Meeren und Ozeanen

Vorhergehende Doppelseite: Treibeis mit kilometerlangen Schollen in der Marguerite Bay, Antarktis, im Dezember 2012. Im Hintergrund umschließt Festeis die Küste von Palmer Land in der Antarktischen Halbinsel.

Während einer starken Abschmelzperiode ist das Festeis im Strand Fiord auf Axel Heiberg Island im Juli 2022 großflächig von dunklem Schmelzwasser bedeckt. In den weißen Flecken konnte das Schmelzwasser durch Öffnungen in der Meereisdecke nach unten abfließen.

Meereis entsteht, wenn die Meeresoberfläche gefriert. Dies geschieht auf etwa einem Achtel aller Meeresflächen unseres Planeten. Das meiste Meereis gibt es in den Polargebieten. Es bildet sich auch in tiefen Meeresbuchten Nordeuropas, dem Ochotskischen und dem Beringmeer am Nordrand des Pazifiks oder in der Hudson Bay in Kanada. Derzeit schwindet das arktische Meereis allerdings sowohl in Bezug auf Fläche als auch Dicke mit Folgen für die Schifffahrt, Ökosysteme und das Klima.

Zwischen weißen Treibeisschollen entsteht auf einer offenen Wasserfläche neues, dünnes und zunächst noch dunkles Meereis.

Junge Meereisschollen schlagen bei Seegang seitlich aneinander, was zur Bildung von rundlichem Pfannkucheneis führt.

Meereis bildet sich, wenn sich das oberflächennahe Meerwasser unter seinen Gefrierpunkt abkühlt. Wegen des Salzgehalts von normalerweise 35 Promille liegt dieser bei –1.9 °C. Seine Entstehung beginnt im Herbst meist in tiefen Buchten, weil die Meeresoberfläche dort am ruhigsten ist. Die maximale Ausdehnung erreicht das arktische Meereis im März oder April mit rund 15 Mio. km^2. Dies ist etwa eineinhalbmal so viel wie die Fläche ganz Europas (vgl. Bild S. 111). Es überdeckt dann fast den gesamten Arktischen Ozean zwischen Nordamerika und Sibirien. Infolge kalter Meeresströmungen reicht es an der Labradorhalbinsel besonders weit nach Süden. Im Gegensatz dazu gibt es wegen der Erwärmung durch den Nordatlantikstrom bis hinauf an die Westküste Spitzbergens wenig Meereis und stattdessen offenes Wasser.

Über den Sommer hinweg schwindet das arktische Meereis heutzutage auf ein Minimum von nur noch rund 3,5 Mio. km^2 im September. Seine Fläche variiert im Jahresverlauf also um mehr als das Vierfache (mehr dazu unten). Während das arktische Meereis im Wesentlichen einen von Landmassen umgebenen Ozean bedeckt, umschließt das südpolare Meereis den Kontinent Antarktika ringförmig. Es hat eine mittlere Fläche von etwa 20 Mio. km^2.

Meereis aller Arten

Presseisrücken im Arktischen Ozean nördlich von Franz-Josef-Land.

Schmale, offene Wasserfläche im Packeis, ein sogenanntes Lead, bei der Station Sedov, Bukta Tikhaya auf der Hooker-Insel, Franz-Josef-Land.

Seegang verhindert zunächst die Entstehung einer festen, geschlossenen Eisdecke; stattdessen bildet sich an der Meeresoberfläche ein Schlamm aus Eisnadeln und -plättchen, der sich nach und nach zu Schollen verdichtet. Bei mäßigem oder starkem Seegang stoßen diese Schollen wiederholt gegeneinander. Wegen ihrer runden Formen spricht man dann von *Pfannkucheneis*. Dünnes Meereis ist weniger tragfähig als das Eis auf Süßwasserseen, weil der Salzgehalt von Meerwasser die Kristallbildung beeinflusst, sodass beim Gefrieren weniger starre Eisstrukturen entstehen. Selbst bei einer Dicke von 10 oder 20 Zentimetern kann man noch nicht gefahrlos darüber gehen. Typischerweise wird eine Meereisschicht im Lauf des Winters durch Anfrieren von unten etwa zwei, mancherorts sogar vier Meter dick. Dies ermöglicht sogar Landungen kleinerer Flugzeuge, sofern oberflächliche Unebenheiten vorher entfernt wurden.

An Küsten fest angefrorenes Meereis bezeichnet man als *Küstenfesteis*. Wenn die Meeresoberfläche «soweit das Auge reicht» eisbedeckt ist, spricht man von *Packeis*. Liegen einzelne, bewegliche Schollen vor, von *Treibeis*. Weite Teile des Arktischen Ozeans liegen Ende Winter unter Treib- und Packeis. Angetrieben von Meeresströmungen und Wind ist es in ständiger Bewegung. Immer wieder kommt es zu seitlichen Kollisionen einzelner Schollen. Dabei türmen sich mächtige, sogenannte *Presseisrücken* auf. Wie bei Eisbergen befindet sich der Großteil unter Wasser und kann bis 30 Meter in die Tiefe hinabreichen. Dies wurde erstmals beim Unterqueren des polaren Packeises mit

Atom-U-Booten festgestellt. Zwar ragt nur der kleinere Teil der Pressrücken in die Höhe, doch behindern diese mehrere Meter hohen Eisbarrieren das Vorankommen mit Ski oder Schlitten erheblich.

Wird Meereis seitlich gedehnt, öffnen sich langgezogene Lücken, sogenannte *Leads*. Sie ermöglichen einerseits Schiffen die Durchfahrt, sind aber andererseits ein erhebliches Hindernis bei Märschen über das gefrorene Meer.

Die Erforschung des polaren Meereises erfolgte zunächst auf Fahrten von Wal- und Robbenfängern auf der Suche nach unberührten Fangregionen, später anlässlich der Suche nach einem kürzeren Seeweg von Europa In die Pazifikregion. Infrage kam dafür die sogenannte *Nordwestpassage,* welche nördlich von Nordamerika zwischen den kanadischen Arktisinseln hindurch in die Beaufortsee und schließlich durch die Beringstraße in den Nordpazifik führt. Viele Entdeckungsreisen, erst mit Segelschiffen, später auch Schiffen mit dampfbetriebenen Hilfsmotoren, scheiterten an den Eisverhältnissen, oder die Besatzung musste eingeschlossen im Eis überwintern. Manche endeten in einer Katastrophe wie die berühmte Franklin-Expedition. Während einer ersten Überwinterung 1845–46 bei Beechey Island starben die ersten drei Besatzungsmitglieder. Im folgenden Sommer gelang den zwei Schiffen zwar ein Vorstoß Richtung Süden, doch dichtes Packeis blockierte sie in der Nähe von King William Island erneut. Nach dem Winter von 1846–47 folgte ein außergewöhnlich kalter Sommer. Das Meereis taute kaum auf und verhinderte, dass man die Liegeplätze verlassen konnte. Leider gab es in der Region kaum Wild, mit dem die schwindenden Lebensmittelvorräte hätten ergänzt werden können. Immer mehr Besatzungsmitglieder starben an Krankheiten und Unterernährung. Gegen Ende des Winters 1847–48 gaben die Überlebenden die Schiffe auf und versuchten erfolglos sich zu Fuß nach Süden durchzuschlagen, kamen aber unterwegs ums Leben. Das eine Schiff der Franklin-Expedition, die «HMS Erebus», wurde erst 2014 mithilfe eines Unterseeboots, das andere, die «HMS Terror», 2016 durch ein Forschungsschiff wiederentdeckt.

Als Alternative zur gefährlichen Nordwestpassage bot sich die *Nordostpassage* an, die auch als *Nördlicher Seeweg* bezeichnet wird. Sie führt am europäischen Nordkap vorbei, dann ostwärts der Nordküste Sibiriens folgend ebenfalls zur Beringstraße. Eine Gesamtdurchfahrt gelang erstmals unter der Leitung von Adolf Erik Nordenskiöld 1878/79, erforderte aber eine Überwinterung im Eis. Die erste Durchquerung ohne Überwinterung erfolgte erst 1932. Der klassische Seeweg von Rotterdam durch den Suezkanal nach Tokyo ist über 21 000 km lang, über die Nordostpassage aber nur 14 000 km – die Abkürzung wäre also erheblich. Weil die Route jedoch ohne den Einsatz von Eisbrechern bisher nur für kurze Zeit im Sommer durchgehend befahrbar ist, wurde sie erst von wenigen Frachtschiffen benutzt. Bei einem weiteren Rückgang des Meereises im Arktischen Ozean (siehe unten) und in einem weltpolitisch stabileren Umfeld könnte sie allerdings zukünftig an Bedeutung gewinnen.

Durchs Packeis zum Nordpol

Der Nordostpassage kam bei der Erforschung der Arktis durch den norwegischen Polarforscher Fridtjof Nansen (1861–1930) eine besondere Bedeutung zu. Nansen entwickelte die Idee, sein Schiff nördlich von Sibirien absichtlich im Packeis einschließen zu lassen, um durch dessen Drift bis zum Nordpol und darüber hinaus nach Grönland zu gelangen. Zu jener Zeit war noch nie ein Mensch bis zum Nordpol vorgestoßen. Diesen zu erreichen, galt als herausragendes sportliches und wissenschaftliches Ziel. Nansen hatte sich schon mit der ersten erfolgreichen Überquerung des grönländischen Eisschilds einen Namen als Polarforscher gemacht. Seine Grönland-Expedition erreichte die Westküste infolge wetterbedingter Verzögerungen allerdings erst spät im Jahr am 3. Oktober 1888, nachdem das letzte Schiff nach Europa bereits abgefahren war. Die unfreiwillige Überwinterung in der Siedlung Godthåb erwies sich nachträglich allerdings als Glücksfall, weil Nansen und sein Begleiter Otto Sverdrup dabei die Lebensweise der Inuit und die Führung von Hundeschlitten kennenlernten. Dies sollte ihnen auf späteren Expeditionen sehr zugutekommen.

Der Plan einer Eisdrift zum Nordpol basierte auf verschiedenen Beobachtungen. 1884 tauchten an der grönländischen Westküste Kleidungs- und Schriftstücke auf, die von dem drei Jahre zuvor an der nordsibirischen Küste gesunkenen amerikanischen Kanonenboot «Jeannette» stammten. Diese Gegenstände hatten im Packeis eine Strecke von mindestens 4000 km zurückgelegt. Vergleichbare, wenn auch weniger präzise Hinweise lieferten Baumstämme aus Sibirien, die in Spitzbergen, Nordgrönland und der kanadischen Arktis angeschwemmt wurden.

Mit der eigens für die Meereisdrift konstruierten «Fram» stießen Nansen, sein Kapitän Sverdrup und elf weitere Mannschaftsmitglieder durch die Kara- und Laptewsee bis in die Nähe der Neusibirischen Inseln vor, wo sie im Oktober 1893 vom Packeis wie vorgesehen eingeschlossen wurden. Der eigens konstruierte, schalenförmige und massiv verstärkte Rumpf der Fram hielt dem Eisdruck tatsächlich stand. Nun konnte man sich auf dem nur 400 Tonnen schweren Schiff in zwar beengten, aber sicheren Verhältnissen häuslich einrichten. Lebensmittel und Brennstoff waren ausreichend an Bord. Außerdem bestand für die Mannschaft auf dem Packeis nie Mangel an Süßwasser, denn die oberste Meereisschicht enthält normalerweise kaum Salz. Wenn nämlich das salzhaltige Meerwasser gefriert, entstehen vertikal ausgerichtete, fast salzfreie Kristalle. Das Meersalz reichert sich in verbleibenden Zwischenräumen an. Während das Eis an Dicke zunimmt, wandert eine konzentrierte Salzlösung zwischen den Eiskristallen nach

Durch die Eisdrift gelangte dieser Baumstamm aus Sibirien bis an die Küste von Axel Heiberg Island in der kanadischen Arktis. Die länglichen Hügel im Strandkies wurden im vorangegangenen Winter von Meereisschollen aufgeschoben.

Die Besatzung der «Fram» hoffte mit der Eisdrift den Nordpol zu erreichen. Der Windgenerator lieferte in der Polarnacht Strom für elektrische Beleuchtung (Bild aus Nansen, Fridtjof: Farthest North, Constable, London 1897)

unten. Oben entsteht gleichzeitig fast salzfreies Eis, das man zur Herstellung von Trinkwasser schmelzen kann. Schnee, welcher auf das Meereis fällt, trägt zum weiteren Dickenwachstum der für menschlichen Konsum geeigneten Oberflächenschicht bei.

Die Eisdrift der Fram war zunächst allerdings viel langsamer als erwartet. Wiederholte Positionsmessungen zeigten an, dass es bis zum Erreichen des Nordpols ganze fünf Jahre dauern könnte. Zwar beschleunigte sich die Drift später, änderte aber die Richtung so, dass die Fram den Nordpol deutlich verfehlen würde. Als die Expedition am 14. März 1895 eine geografische Breite von 84° 4′ N erreicht hatte, entschied sich Nansen, in Begleitung von Fredrik Hjalmar Johansen das Schiff zu verlassen, um mit Kajaks und Schlittenhunden über das Packeis zum 660 km entfernten Nordpol vorzustoßen. Bei Temperaturen von bis −40 °C überquerten die beiden endlose Packeisfelder mit unzähligen Pressrücken, mussten aber bei 86° 13,6′ N umkehren. Die Positionsbestimmungen ergaben nämlich, dass sie von der Eisdrift schneller nach Süden getragen wurden, als sie auf dem Eis nach Norden reisen konnten. Weil es Nansen unmöglich erschien, die Fram wiederzufinden, entschied er sich zum Vorstoß Richtung Franz-Josef-Land, einer weitläufigen Inselgruppe östlich von Spitzbergen, welche heute zu Russland gehört. Unter größten Strapazen erreichten Nansen und Johansen im August tatsächlich eine kleine vorgelagerte Insel, mussten aber wegen der vorgerückten Jahreszeit mit minimaler Ausrüstung und wenig Munition für ihre Gewehre in einer winzigen, aus Steinblöcken improvisierten Hütte überwintern. Erst im Juni des folgenden Jahres trafen sie auf eine andere Polarexpedition, welche ihnen die Rückkehr nach Norwegen ermöglichte. Dort kam es zum Wiedersehen mit der restlichen Mannschaft der Fram, welche am 13. August 1896, über drei Jahre nach Expeditionsbeginn, offenes Meer erreicht hatte und wohlbehalten in die Heimat zurückgesegelt war.

Der glückliche Ausgang der Fram-Drift wurde in Norwegen als einzigartiger Erfolg bei der Polarforschung gefeiert. Gleichsam ihren Spuren folgte von September 2019 bis

Oktober 2020 die MOSAiC-Expedition (Multidisciplinary drifting Observatory for the Study of Arctic Climate, Multidisziplinäres Driftobservatorium zur Untersuchung des Arktisklimas) des modernen, eisbrechenden Forschungsschiffs Polarstern. Es wird vom Alfred-Wegener-Institut für Polar- und Meeresforschung (AWI) in Bremerhaven betrieben. Am Projekt waren phasenweise 600 Wissenschaftlerinnen und Wissenschaftler aus 20 Nationen beteiligt. Unterstützt wurde die Fahrt durch zusätzliche Eisbrecher, weitere Forschungsschiffe, Flugzeuge und Hubschrauber. Insgesamt legte die Polarstern über 16 000 km zurück, davon 3400 in Eisdrift. Im Packeis eingeschlossen kam sie antriebslos mit 12 km pro Tag oder einen halben Kilometer pro Stunde sogar schneller voran als erwartet. Eine Fahrt auf diesem Forschungsschiff ist heutzutage weitaus weniger entbehrungsreich als die Eisdrift der Fram. Viele Forscherinnen und Forscher waren zudem nur phasenweise auf der Polarstern und wurden von Hubschraubern ein- und ausgeflogen. Zudem konnte die Polarstern auch jederzeit aus eigener Kraft das Packeis verlassen, was auch wegen Komplikationen infolge der Corona-Pandemie vorübergehend notwendig wurde.

Andere Eisbrecher dienen in erster Linie nicht als Forschungsplattform, sondern ermöglichen den Schiffsverkehr durch vereiste Meere. Mit einer speziellen Bug- und Rumpfform können sie das Eis nicht nur aufbrechen, sondern die losgelösten Eisschollen auch seitlich über oder unter das Packeis schieben. Dadurch entsteht für nachfolgende Frachtschiffe eine offene Fahrrinne. Die Hülle von Eisbrechern ist dicker und die Motoren stärker als bei einem normalen Schiff. Außerdem sind Propeller und Ruder besonders geschützt. Eisbrecher, aber auch eisverstärkte Expeditions- und Frachtschiffe werden in sogenannte Eisklassen eingeteilt, die sich allerdings von Land zu Land unterscheiden. Die jeweilige Klasse hängt im Wesentlichen davon ab, welche Eisdicken das Schiff selbstständig durchfahren kann. Nur Schiffe der höchsten Eisklasse vermögen ganzjährig und bis zu vier Meter dickes Packeis unbeschränkt zu durchqueren. Dennoch müssen auch diese bei besonders dickem Eis und mächtigen Presseisrücken mehrmals Anlauf nehmen, um es zu durchstoßen. Wegen der enormen Motorenleistung und des entsprechenden Treibstoffverbrauchs wurden auch atomangetriebene Eisbrecher entwickelt.

Russische Eisbrecher wie die «Yamal» oder die «50 Let Pobedy» («50. Jahrestag des Sieges») wurden in den letzten Jahren für touristische Expeditionsreisen an den Nordpol eingesetzt. Der landschaftlich interessanteste Teil der Fahrt vom russischen Eismeerhafen Murmansk führt durch die Inselgruppe Franz Josef-Land, wo Nansen und Johansen nach ihrem heroischen Überlebenskampf am 17. Juni 1896 gerettet wurden. Auch das konventionell mit fossilem Treibstoff angetriebene, neue französische Expeditionsschiff «Le Commandant Charcot» soll Nordpolfahrten über Spitzbergen ermöglichen.

Weil sich der Nordpol allerdings inmitten des Arktischen Ozeans befindet, gibt es dort eigentlich nichts Besonderes zu sehen. Die Ankunft am Nordpol kann denn auch nur durch Ablesen der Navigationsgeräte festgestellt werden. Als einer der Autoren auf einer solchen Fahrt den Nordpol erreichte, konnte die dort geplante Party auf dem Eis wegen unsicheren Eisverhältnissen und offenem Wasser zunächst nicht durchgeführt werden. Erst in einer Entfernung von einigen Kilometern vom nördlichsten Punkt der Welt durften Besatzung und Passagiere den Eisbrecher verlassen und auf dem Eis gebührend feiern.

Der atomgetriebene russische Eisbrecher «50 Let Pobedy» bahnt sich einen Weg durchs Packeis bis zum Nordpol. Gut zu erkennen ist, wie der Schiffsrumpf die gebrochenen Eisplatten seitwärts übereinanderschiebt.

Auf dem driftenden Packeis werden die Gäste eines Expeditionsschiffs in unmittelbarer Nähe des Nordpols mit einem reichhaltigen Festessen verwöhnt.

Eisfreie Flächen

Erstaunlicherweise gibt es im Packeis selbst in der kältesten Jahreszeit und auf sehr hohen geografischen Breiten offene Wasserflächen, sogenannte *Polynjas*. Diese Bezeichnung leitet sich von einem russischen Begriff für freie Wasserflächen auf zugefrorenen Gewässern ab. Eine besonders große und intensiv erforschte Polynja, das North Water (auf Deutsch manchmal als «Nordwasser» bezeichnet), befindet sich zwischen Grönland und Kanada im Nordteil der Baffin Bay. Hier gibt es während des ganzen Winters stets offenes Wasser oder zumindest Zonen mit sehr dünnem Eis. Weil dort ganzjährig Jagd auf Meeressäuger möglich ist, entstanden an den umliegenden Küsten vor mindestens 5000 Jahren die nördlichsten Siedlungen der Welt. Die Entstehung der North Water Polynja hängt unter anderem mit beständigen und starken Nordwinden zusammen, die zwischen Grönland und Ellesmere Island hindurchfegen und neu entstehendes Eis stets südwärts fortblasen. Gleichzeitig wird das aus dem Kane Basin aus Norden herangetriebene Meereis in der Nares-Straße zwischen Ellesmere Island und Nordwestgrönland seitlich zusammengepresst. Dadurch bildet sich eine Art Barriere, die den Eisnachschub aus Norden unterbindet. Wahrscheinlich spielt bei der Entstehung der Polynja auch wärmeres Wasser eine Rolle, welches im Bereich aus tieferen Meeresschichten aufsteigt und die Eisbildung behindert.

Viel Aufmerksamkeit richtete sich in den letzten Jahrzehnten auf den allgemeinen Rückgang des arktischen Meereises als Folge des Klimawandels. In den 1970er-Jahren fanden Wissenschaftler aufgrund von Erkundungsflügen und Fahrten atomgetriebener Unterseeboote erste Anzeichen für einen Schwund des Meereises. Seit den 1980er-Jahren ermöglichen Erdbeobachtungssatelliten genaue Kartierungen, insbesondere dank Mikrowellentechnik, die auch nachts und durch Wolkendecken hindurch funktionieren. Wie eingangs erwähnt, ist die arktische Meereisfläche Ende Winter (Mai) etwa viermal größer als Ende Sommer (September). Diese jahreszeitlichen Zu- und Abnahmen sind normal, ebenso wie große Unterschiede von Jahr zu Jahr. Neu ist hingegen, dass der langfristige Trend der Meereisfläche in allen Jahreszeiten deutlich negativ ist. Seit den 1970er-Jahren hat die im September gemessene Meereisbedeckung um rund die Hälfte abgenommen (Stand 2020). Noch eindrücklicher sieht es aus, wenn man statt der Fläche des arktischen Meereises sein Volumen betrachtet. Dies ist allerdings schwieriger, da man zwar die Meereisflächen recht genau kartieren, die Eisdicke aber nicht ohne Weiteres aus den Satellitenbeobachtungen ablesen kann. Punktuelle Messungen vor Ort mit Unterseebooten oder

Selbst im Winter bleibt zwischen Nordwestgrönland und Ellesmere Island ein großes Meeresgebiet, das North Water, eisfrei (Satellitenbild NASA, 25. Mai 2015, Ausschnitt ca. 1000 km hoch und breit). Von Ellef Ringnes und Amund Ringnes Island über das Meereis Richtung Süden verfrachteter Staub verdeutlicht die häufigen und kräftigen Nordwinde in dieser Region.

Nordpolarregion im September (links) und März 2020 (rechts) mit weiß eingetragenem Meereis. Die violette Linie zeigt die durchschnittliche Ausdehnung des Meereises in der Vergleichsperiode von 1982 bis 2010. Im März 2020 war die Ausdehnung des Meereises nur wenig kleiner als normal, erreichte aber im September 2020 einen außergewöhnlichen Tiefstand (Quelle: NOAA).

Expeditionsschiffen wie der Polarstern zeigen aber deutlich, dass auch die Meereisdicke abnimmt. Infolgedessen hat sich das Volumen des arktischen Meereises im April von etwa 32 000 km^3 im Jahr 1980 auf rund 22 000 km^3 im Jahr 2022 verkleinert. Noch extremer ist die prozentuale Abnahme über den gleichen Zeitraum im September, nämlich von 17 000 km^3 auf 5 000 km^3. Dies lässt erwarten, dass der Arktische Ozean noch vor 2050 im Sommer vollständig eisfrei sein wird, und dies selbst bei verstärkten Klimaschutzmaßnahmen.

Beim Abschmelzen von Meereis kommt es zu einer positiven Rückkopplung, das heißt, das Abschmelzen führt zu einem noch größeren Abschmelzen. Schuld daran hat der sogenannte *Albedo-Effekt*. Mit Albedo bezeichnet man das Licht-Rückstrahlvermögen

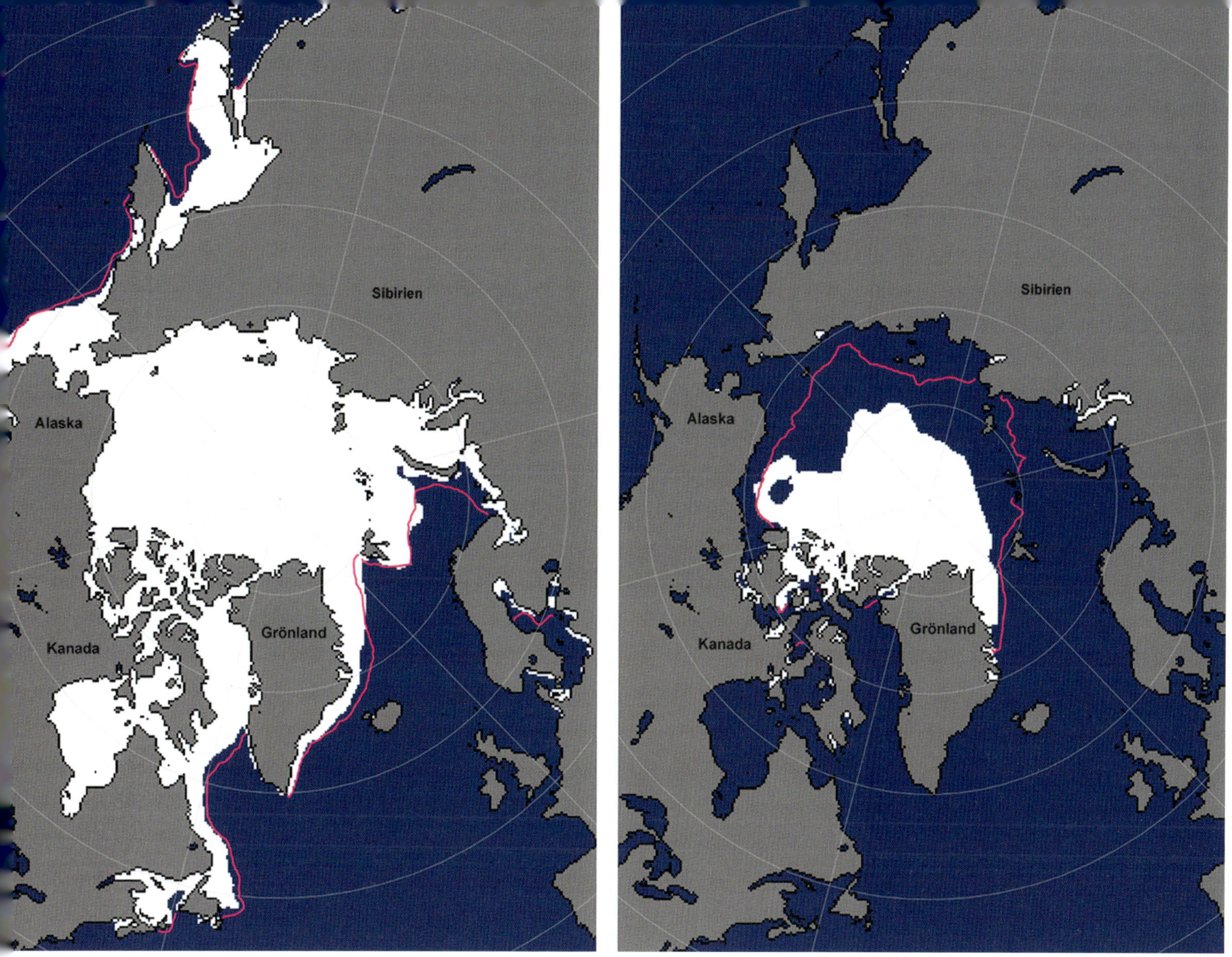

einer Oberfläche. Frischer Neuschnee reflektiert bis zu 90 % des Sonnenlichts, Altschnee und Eis immer noch deutlich über 50 %, während Wasserflächen weniger als 10 % zurückwerfen. Das bedeutet, dass Wasserlachen auf und offene Wasserflächen zwischen den Treibeisschollen die Sonnenstrahlung um ein Vielfaches stärker absorbieren als frisches Meereis. Dies führt zu zusätzlicher Erwärmung und beschleunigtem Abschmelzen. Der wegen des Eisverlustes dunkler werdende Arktische Ozean wird in Zukunft durch stärkere Absorption der Sonneneinstrahlung die Temperaturzunahme in der ganzen Arktis beschleunigen. Außerdem wird von den offenen Meeresflächen mehr Wasser verdunsten, was die Niederschlagsverhältnisse in den angrenzenden Gebieten ebenfalls beeinflussen wird.

Auftauendes Packeis in der Norwegian Bay, Nunavut, Kanada, ist großflächig von blau schimmerndem Schmelzwasser bedeckt. Schmelzwasserbäche entwässern das Meereis beidseits der dunklen Spalte, sodass die Oberfläche dort heller erscheint.

Eisbären (*Ursus maritimus*) ernähren sich in erster Linie durch Jagd auf Robben auf dem Meereis. Mit dessen Rückgang verkleinern sich auch ihre bevorzugten Jagdgebiete. Manche Eisbären verbringen den Sommer deshalb auf dem Land, wo sie sich allerdings mit einem viel schlechteren Nahrungsangebot begnügen müssen.

Eine Bartrobbe *(Erignathus barbatus)* beobachtet unsere Annäherung aufmerksam. Zu ihren Fressfeinden zählen Eisbären und Schwertwale (*Orcinus orca*).

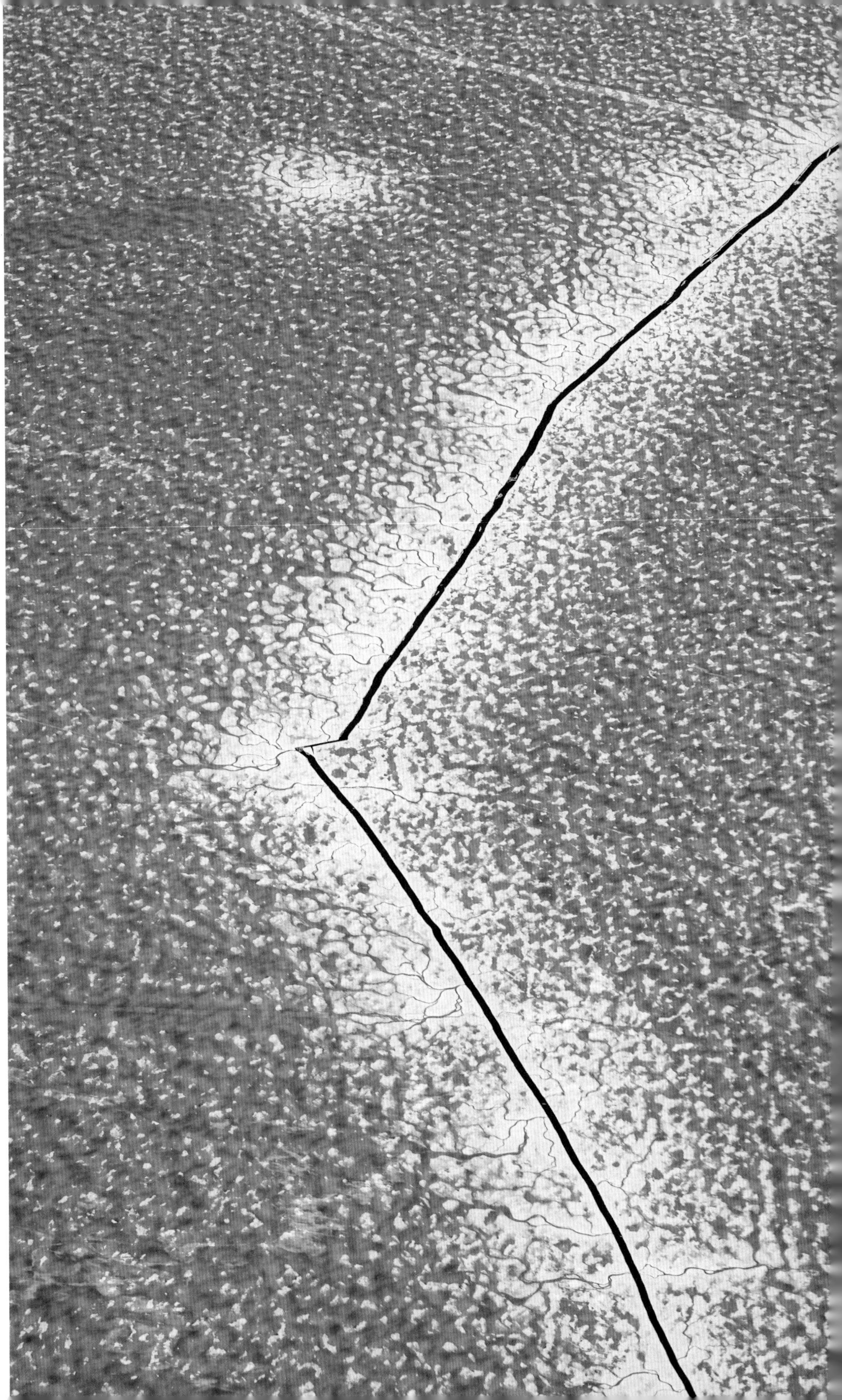

6

Ausbreiten, überdecken, klingen
Eis auf Seen und Flüssen

Vorhergehende Doppelseite: Nach einigen Nächten mit strengem Frost ist der Silsersee im Oberengadin zugefroren. Einige Schlittschuhläufer wagen sich bereits auf das noch gefährlich dünne Schwarzeis. Vom Seegrund aufsteigende Gase sammeln sich als helle rundliche Gebilde unter der Eisdecke.

Eisformationen in einem Wasserfall im Oberlauf des Flusses Töss im Zürcher Oberland.

Während strenger und langanhaltender Frostperioden frieren Bäche, Flüsse und Seen zu. Während eine Eisdecke auf Gewässern im Hochgebirge und auf hohen geografischen Breiten der Normalfall ist, gehören größere zugefrorene Gewässer in tiefen Lagen der gemäßigten Klimazonen zu Ausnahmeerscheinungen, welche infolge steigender Temperaturen seltener werden und – wenn sie dennoch eintreten – Aufsehen erregen. Zugefrorene Gewässern behindern zwar einerseits die Binnenschifffahrt, ermöglichen andererseits den Güterverkehr mit Lastwagen auf Eisstraßen, dank derer manche arktische Destinationen im Winter auf dem «Landweg» zugänglich werden.

Einsetzende Eisbildung auf einem kleinen Bach beim Grimselpass. Weil die Wasserführung im Lauf der Nacht zurückgegangen ist, schweben einige der dünnen Eisgebilde einige Zentimeter über dem aktuellen Wasserspiegel.

Bäche, Flüsse und Seen beginnen bei strenger Kälte meist am Rand zu gefrieren, weil das Wasser dort am ruhigsten ist und die Abkühlung wegen der geringen Tiefe am schnellsten voranschreitet. Hübsch anzusehen ist es, wenn sich an einem Tümpel oder Teich Eiskristalle über die Wasseroberfläche ausbreiten. Manchmal entstehen dabei wunderschöne, wenn auch vergängliche Wunder der Natur. Sofern keine starken Winde die Eisbildung behindern, schließt sich die Eisdecke über einem See bei ausreichender Dauer der Kältephase. Je tiefer die Temperaturen, desto länger bleiben Gewässer gefroren. In den Polargebieten, insbesondere der Antarktis, gibt es sogar Seen, welche ganzjährig eisbedeckt sind.

Obwohl die Lufttemperaturen bei den antarktischen Seen im Jahresdurchschnitt unter −20 °C liegen, gefrieren diese Gewässer nur in seichten Zonen bis auf den Grund, nicht aber in den tieferen Bereichen. Dies liegt an der sogenannten *Dichteanomalie* des Wassers, welche für das Leben in Seen von größter Bedeutung ist. Mit Dichteanomalie ist gemeint, dass Wasser – anders als die meisten anderen Flüssigkeiten – nicht kurz vor dem Gefrierpunkt seine größte Dichte erreicht, sondern schon bei 4 °C. Bei einer weiteren Abkühlung von 4 °C auf 0 °C dehnt es sich wieder ein wenig aus, und sogar noch mehr beim Gefrieren. Deshalb können wassergefüllte Glasflaschen bersten, wenn sich darin Eis bildet. Für einen See bedeutet dies Folgendes: Im Herbst oder Winter kühlt sich sein Wasser von oben her ab. Wenn es eine Temperatur von 4 °C und damit die maximale Dichte erreicht hat, sinkt es und wird durch wärmeres, weniger dichtes Wasser aus tieferen Schichten ersetzt. Diese Umschichtung oder Konvektion erfasst den ganzen See. Erst wenn das gesamte Wasser des Sees annähernd 4 °C kalt geworden ist, kann sich das Oberflächenwasser weiter abkühlen und gefrieren. Allerdings wächst mit der Eisdicke auch deren Isolationswirkung, sodass die Dickenzunahme bei anhaltender Kälte zunächst schnell, später aber immer langsamer erfolgt. Das Wasser in der Tiefe gefriert nie, wodurch Lebensraum für Fische und andere Lebewesen erhalten bleibt.

Wegen der Dichteanomalie von Wasser gefriert dieser See in den Vestfold Hills, Antarktis, trotz extremer Kälte nicht bis auf den Grund. Wegen der extremen Trockenheit der Region ist seit langer Zeit kein Schnee mehr gefallen, sodass das «Schwarzeis» nicht zugedeckt wurde.

Klingendes, schwarzes Eis

Spiegelungen im Schwarzeis auf dem Silvaplanersee im Oberengadin gaukeln eine spiegelglatte, offene Wasserfläche vor. Tatsächlich war der See zum Zeitpunkt der Aufnahme vollständig zugefroren. Allerdings war das Eis noch zu dünn für gefahrloses Eislaufen.

Frisches Eis auf einem See hat zwei überraschende Eigenschaften, insbesondere, wenn es sich bei völliger Windstille bilden konnte. Solches Eis ist so klar, dass es selbst bei einer Dicke von mehreren Dezimetern durchsichtig bleibt. Darunter schwimmende Fische kann man wie durch eine dicke Glasscheibe beobachten. Wegen seiner guten Transparenz erscheint solches Eis aus gewissen Blickwinkeln betrachtet beinahe schwarz und wird deshalb auch als *Schwarzeis* bezeichnet (im angelsächsischen Sprachraum wird mit «black ice» ein anderes Phänomen bezeichnet, nämlich das Überfrieren eines unterkühlten Bodens nach Regenfällen). Vom Ufer aus betrachtet kann

Schwarzeis verblüffend ähnlich aussehen wie eine bei Windstille spiegelnde Wasseroberfläche.

Noch erstaunlicher als seine dunkle Tönung sind aber die Geräusche, welche Schwarzeis oft von sich gibt. Sie sind kaum mit anderen natürlichen Geräuschen zu vergleichen und entsprechend schwierig zu beschreiben. Steht man in Ufernähe, vernimmt man in Abständen von wenigen Sekunden manchmal fast pausenlos fremdartige Klänge, deren Quellen sich rasend schnell in verschiedene Richtungen über die Eisoberfläche bewegen. Am ehesten erinnern die Geräusche an metallische Saiten unter großer Spannung, die heftig angeschlagen werden. Eine Internetsuche nach «Schwarzeis, Klänge» liefert umgehend Verweise auf zahlreiche Filme mit entsprechender Tonspur. Die Spannungen entstehen durch die oft großen Temperaturschwankungen zwischen Tag und Nacht, welche die Eisoberfläche betreffen, nicht aber die Unterseite der Eisschicht, die mit dem Wasser in Berührung ist. Dies führt zu den erwähnten Spannungen in der Eisdecke, die sich irgendwann entladen müssen. Dabei entstehen auch haardünne Risse, welche die Eisdecke kreuz und quer durchziehen und die dank der Transparenz des Eises gut sichtbar sind.

Weil sie fast jedes Jahr zufrieren, bildeten Seen in mittelhohen Lagen vor der Erfindung von Kältemaschinen einen bedeutenden Wirtschaftsfaktor. Beispielsweise waren am Zeller See auf 750 m ü. M. im österreichischen Bundesland Salzburg im extrem strengen Winter 1883/84 etwa 450 Arbeiter in der Eisgewinnung tätig. Auch auf dem glarnerischen Klöntalersee (848 m ü. M.) waren mehrere Hundert Arbeiter und mehr als 300 Pferde mit dem «Gletschern» beschäftigt, wobei der Taglohn für einen Menschen sieben, für ein Pferd 30 Franken betrug. Mit langen Sägen wurden in Knochenarbeit rechteckige, bis 50 cm dicke Eisplatten abgetrennt, auf Schlitten nach Netstal befördert und von dort mit der Bahn zu den Kunden transportiert. Die größten Abnehmer waren Bierbrauereien, die in Eiskellern die Blöcke bis in den Sommer hinein einlagerten.

Vom Seegrund aufsteigende Gasblasen bleiben unter Schwarzeis gefangen. Während die Eisdicke zunimmt, bilden die stets vom gleichen Ort aufsteigenden Blasen senkrechte Ketten. Zu erkennen sind auch mehrere, durch Spannungsabbau entstandene Spalten.

Arbeiter beim «Gletschern», der Eisgewinnung auf dem Klöntalersee. Die Dunstschicht über der Eisoberfläche verdeutlicht den Kaltluftsee über der Eisoberfläche (Foto Schönwetter, Landesarchiv des Kantons Glarus).

Das Zufrieren wird seltener

Während das Zufrieren von Gewässern in hohen und mittleren Lagen normal ist, findet es im Tiefland als Ausnahmeerscheinung mehr Beachtung. Berühmt sind die künstlerischen Darstellungen niederländischer Meister. Gemälde von Pieter Bruegel dem Älteren und Hendrick Avercamp zeigen das pralle Leben der damaligen Dorfgemeinschaften und vielfältige Vergnügungs- und Nutzungsarten der zugefrorenen Seen und Kanäle. Heutzutage werden diese Bilder oft zur Illustration der klimatischen Verhältnisse während der Kleinen Eiszeit vom 16. bis Mitte des 19. Jahrhunderts herangezogen. Wegen der großen ökonomischen Bedeutung des Bootsverkehrs auf dem niederländischen Kanalnetz wurden die Vereisungen genau beobachtet und dokumentiert, was uns heute wertvolle Hinweise auf Klimaveränderungen vor dem Beginn systematischer Temperaturmessungen gibt.

Die globale Klimaerwärmung seit dem 20. Jahrhundert hat einen starken Einfluss auf die «Elfstedentocht» (Elfstädtetour), ein Natureis-Langstreckenrennen über zugefrorene Kanäle und kleinere Seen in den Niederlanden. Die Elfstedentocht führt über 200 km; Zehntausende Läuferinnen und Läufer nehmen daran teil und weit über eine Million Zuschauerinnen und Zuschauer beteiligen sich am Großanlass. Damit das Eis eine ausreichende Dicke von mindestens 15 cm erreicht, müssen die Lufttemperaturen im Durchschnitt über 15 Tage hinweg etwas unter –4 °C liegen. Von 1900 bis 1960 war dies elfmal der Fall, von 1961 bis 2020 aber nur noch viermal, letztmals bis zur Drucklegung dieses Buchs 1997. Einen Sonderfall gab es 2012, als es zwar kalt genug war, aber zu Beginn der Eisbildung Schneefall einsetzte. Die Wärmedämmung der Schneedecke reduzierte die Wärmeabstrahlung von der Oberfläche und verhinderte, dass das Eis ausreichend dick wurde.

Auch in Mitteleuropa frieren die Alpenrandseen immer seltener zu. Im deutschen Sprachraum spricht man von einer «Seegfrörni» beziehungsweise «Seegfrörne», wenn ein See während mindestens eines Tages fast vollständig zugefroren ist. Die Einschränkung «fast» berücksichtigt, dass bei der Einmündung von Bächen und Flüssen kleine Flächen eisfrei bleiben können. Diese Stellen sind für Wasservögel überlebenswichtige Refugien. Je tiefer und länger anhaltend eine Kälteperiode ist, desto wahrscheinlicher wird eine Seegfrörni. Kleine, seichte Seen gefrieren eher zu als große, tiefe. Während der 3,3 km^2 große und maximal 35 m tiefe Pfäffikersee (Kanton Zürich) von 1901 bis 2020 insgesamt 86-mal zufror, geschah dies beim Zürichsee (90 km^2, 136 m) nur zweimal, nämlich 1929 und 1963, und beim Bodensee (536 km^2, 251 m) einmal, ebenfalls 1963.

Damit sich auf dem Zürichsee gar eine tragfähige, mindestens 12 Zentimetern Dicke Eisfläche bildet, ist eine «Kältesumme» von etwa 350 nötig. Zur Ermittlung der Kältesumme werden die Grade der Tage mit einer durchschnittlichen Temperatur unter 0 °C zusammengezählt. In diesem Fall also zum Beispiel 35 Tage mit einer Durchschnittstemperatur von –10 °C.

Das Naturschauspiel einer Seegfrörni zog jeweils unzählige Schaulustige an. Die SBB stellten gar Extrazüge für die Anreise bereit. Bei so viel Publikumsandrang war natürlich die Sicherheit der Menschen auf dem Eis nach Möglichkeit zu gewährleisten. Ein ehemaliger Seepolizist beschreibt die Messungen an der Eisdecke unmittelbar vor der Freigabe des Zürichsees für die Öffentlichkeit wie folgt: «Am 30. Januar 1963 führte der bekannte Eisspezialist John Röthlisberger, Chef der Hydrologie und Glaziologie der ETH, die für mich sehr eindrückliche Belastungsprobe durch. Im Tiefenbrunnen, ca. 80 m vom Ufer entfernt, wurden unter seiner Leitung mehrere Blechfässer à 200 Liter in einem größeren Kreis aufgestellt und in diese mit Pumpe und Schlauch Wasser abgefüllt. Die zur anschließenden Gipfelkonferenz gehörenden Politiker und Chefbeamten zogen sich immer weiter zurück. Der Wissenschaftler aber arbeitete ruhig mit Ohren, Augen, Bleistift und Papier weiter, bis es krachte. Die Fässer waren weg und er stand ruhig und lächelnd auf einer Rettungsleiter. Seine Angaben zum Belastungstest: 2400 kg auf 10 m Durchmesser senkt das Eis 15 cm und nach 2 Stunden bricht das Eis. Darauf wurde entschieden: Die Eisfläche wird am 1. Februar 1963 für die Bevölkerung ab 12.00 Uhr freigegeben. Die Eisdicke betrug an fünf Messstellen zwischen 10,5 cm. und 13,5 cm» (Stadt Zürich, Sicherheitsdepartement). Interessant ist in diesem Zusammenhang, dass die regelmäßig vereisenden Oberengadiner Seen heutzutage von den Behörden nicht offiziell freigegeben werden, da dies zur Haftungsproblematik nach Unfällen führen würde. Schilder weisen darauf hin, dass das Betreten der Eisdecke stets auf eigene Gefahr erfolgt. Tatsächlich müssen immer wieder Personen nach dem Einbrechen aus dem Eiswasser gerettet werden. Manchmal gelang dies nur, weil ein am nahen Flugplatz Samedan stationierter Hubschrauber innerhalb weniger Minuten den Unfallort erreichte und eine Windenrettung durchführen konnte. Ein Sonderfall bildet die Veranstaltung «White Turf» mit Rennpferden auf dem St. Moritzersee. Weil dafür sogar Zuschauertribünen auf dem Eis errichtet werden, erfolgen im Vorfeld Eisdickenmessungen mit Radar. Die Veranstaltung wird ab einer Eisdicke von rund 30 cm durchgeführt.

Vorhergehende Doppelseite: Eine Winterszene des niederländischen Malers Hendrick Avercamp aus dem Jahr 1608 zeigt Menschen beim Schlittschuhlaufen, Eisstockschießen, Schlittenfahren und Wasserschöpfen, aber auch nach Stürzen auf und durch das Eis des gefrorenen Kanals (Quelle: Rijksmuseum, Amsterdam).

Spitzengruppe der Elfstedentocht am 21. Februar 1985 auf einem zugefrorenen Kanal.

Das untere Seebecken bei Zürich während der letzten Seegfrörni (3.2.1963). Zahlreiche Menschen befinden sich auf der tragfähigen Eisdecke und haben stellenweise dunkle Gleitbahnen vom Schnee freigefegt. Die Limmat, ganz oben im Bild, bleibt wegen der Strömung weitgehend eisfrei (Bildnachweis: ETH-Bibliothek Zürich, Bildarchiv/Fotograf: Comet Photo AG (Zürich)/Com_F63-00046/CC BY-SA 4.0).

Volksfeststimmung auf dem Bodensee bei Steckborn während der Seegfrörni von 1963 (Bildnachweis: ETH-Bibliothek Zürich, Bildarchiv/Fotograf: Comet Photo AG (Zürich)/Com_C12-008-002/CC BY-SA 4.0).

Wegen seiner Größe und entsprechenden Kapazität zur Wärmespeicherung fror der Bodensee in der Vergangenheit nur selten zu. Häufiger zu beobachten sind Eisgebilde, welche bei Bisenlage durch gefrierendes Spritzwasser in den Uferpartien entstehen (15. Dezember 2021).

Eisgebilde an Seen und Bächen, von links oben nach rechts unten: Gefrorenes Spritzwasser am Fuß eines Wasserfalls, Eiskristalle auf einem See, Luftblasen unter Eisschicht, Eisnadeln auf gefrorenem Bach, Klareis an Bergbach, Klareis an einem Fluss, zwischen Sandrippeln gefrorenes Wasser, überfrierende Pfütze auf Feldweg, dünne Eisschicht an Seeufer, Luftblasen und Spalten in Schwarzeis, Eiskruste auf See.

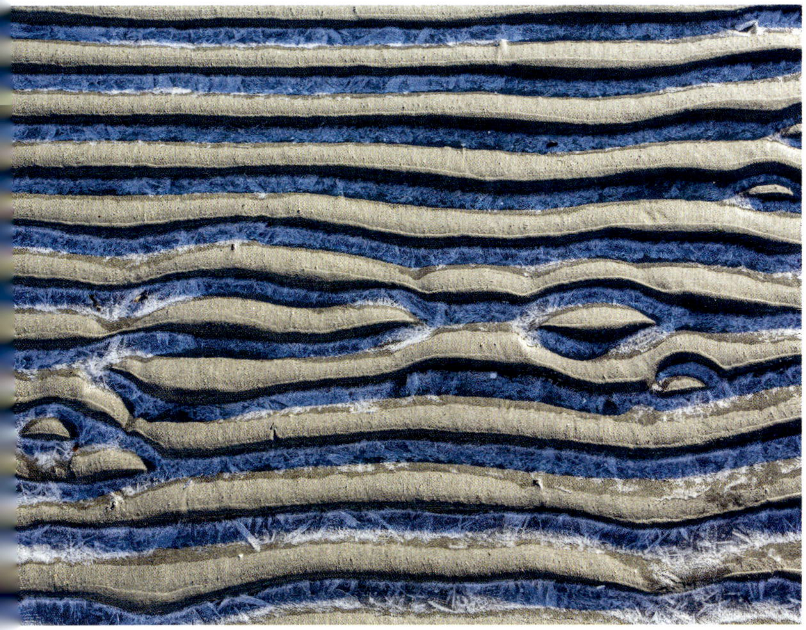

Im Auto übers Eis

Entlang der Sihl liegen nach einem massiven Eisgang abgelagerte Eisschollen (Bildnachweis: ETH-Bibliothek Zürich, Bildarchiv/Fotograf: Wehrli, Leo/Dia_247-00139/ CC BY-SA 4.0).

Eiswehr auf der Zürcher Allmend, kurz bevor die Sihl den Stadtrand von Zürich erreicht.

Weil Wassertiefe und Strömungsgeschwindigkeit eines Flusses am Ufer am kleinsten sind, bildet sich dort als Erstes eine Eisdecke und breitet sich gegen Flussmitte hin aus. Von der noch offenen Wasserfläche der Töss aufsteigender Wasserdampf hat sich als Reif auf der Ufervegetation niedergeschlagen.

Wie das Eis auf Seen, so verursacht auch das Zufrieren von Fließgewässern sowohl Naturschauspiel also auch Gefahren. Wo Binnenschiffe Flüsse oder Kanäle als Verkehrsweg nutzen, versucht man die einsetzende Eisbildung mit Eisbrechern zu verhindern oder zumindest zu verzögern, so zum Beispiel auf dem Main-Donau-Kanal in der Schwäbischen Alb. Schwierigkeiten verursacht bei diesem insbesondere Eis in den Schleusenkammern. In strengen Wintern musste der Schiffsverkehr deswegen vorübergehend auch schon eingestellt werden. Bei Brücken über Flüsse müssen die Pfeiler dem sogenannten *Eisgang,* das heißt dem Aufprall der durch die Strömung verschobenen Eisplatten, standhalten können. Auch müssen sie so konstruiert sein, dass sich das Treibeis nicht unter der Brücke verkeilen und eine Stauung verursachen kann.

Für die Stadt Zürich entsteht durch die Sihl ein gewisses Gefahrenpotenzial bei Eisgang. Aus der Vergangenheit ist bekannt, dass bei Tauwetter eine Eisdecke plötzlich aufbrechen kann. Historische Fotoaufnahmen von Eiswällen am Ufer geben eine Vorstellung von den durch den Fluss bewegten Eismassen. Deshalb wurde 1969 in der Zürcher Allmend ein Eiswehr errichtet, welches die Eisschollen zurückhalten und damit eine Beschädigung der filigranen Pfeiler der Sihlhochstraße oder einen Eisstau beim engen Durchlass unter dem Hauptbahnhof verhindern würde.

Bei einer Dicke von mindestens 30 cm erreicht die Eisdecke auf einem Fluss (oder See) ein Festigkeit, welche der Belastung durch ein Motorfahrzeug standhalten kann. Die Tragfähigkeit ergibt sich dabei nicht nur aus der Steifigkeit der Eisdecke, sondern

Die «Tuktoyaktuk Winter Road» war bis 2017 eine Eisstraße im Delta des Mackenzie River, welche die Städte Inuvik und Tuktoyaktuk in den kanadischen Northwest Territories verband. Inzwischen wurde sie durch eine allwettertaugliche Straße über Land ersetzt (Bild: National Research Council of Canada).

auch durch ein elastisches Durchbiegen. Dabei entsteht eine wannenförmige Vertiefung, deren Auftrieb das Fahrzeug trägt. Fährt das Auto, entsteht vor ihm eine Bug-, hinter ihm eine Heckwelle. Falls deren Fortpflanzungsgeschwindigkeit ähnlich groß ist wie die Fahrtgeschwindigkeit des Autos, kommt es zu Resonanzen. Diese Selbstverstärkung der Schwingungen kann zum Bruch der Eisdecke führen. Die kritische Geschwindigkeit, bei der dieses Phänomen auftritt, hängt sowohl von der Dicke der Eisdecke als auch von der Wassertiefe ab. Einige abenteuerlustige Automobilisten fuhren bei der Zürcher Seegfrörni tatsächlich übers Eis. Routine ist hingegen der Auto- und Schwerverkehr auf zugefrorenen Flüssen in Sibirien und im Norden Kanadas. Dies ermöglicht den «Landverkehr» zu Siedlungen und Minen, welche im Winter sonst nicht zugänglich wären.

Spektakuläre Eisformationen

Fließgewässer in kalten Klimazonen können zur Entstehung eigentümlicher, unter bestimmten Bedingungen auch dicker und ausgedehnter Eisablagerungen führen, sogenanntem *Aufeis*. Dazu braucht es eine Quelle, die auch bei strenger Kälte weiterhin Wasser liefert. In den Polargbieten sind dies typischerweise Seen, Grundwasseraustritte oder Gletscher. Dieses Wasser gefriert an der eisig kalten Luft und erst recht, falls sich im Untergrund Permafrost befindet. Das neu gebildete Eis verstopft dann das Flussbett, sodass sich das weiterhin zufließende Wasser einen neuen Weg um oder über dieses Hindernis suchen muss. Dabei entsteht im Aufeis eine horizontale Schichtstruktur, wobei das älteste Eis zuunterst, das jüngste zuoberst liegt. Es wurde schon bis zu sechs Meter dickes Aufeis gefunden, welches eine Fläche von über 20 km^2 einnahm. Im Frühjahr, wenn das Aufeis aufbricht und die Schollen massenhaft flussabwärts treiben, kann dies wie bei normalem Eisgang zu Blockaden des Flusses und infolgedessen zu Ausuferungen führen.

Spektakuläre Eisformationen entwickeln sich bei anhaltenden Kältephasen auch hierzulande bei Stromschnellen und Wasserfällen. Von Felswänden rieselndes Wasser bildet Eiszapfen, während diesen vom Boden her massigere Eissäulen langsamer entgegenwachsen. Wie in einer Tropfsteinhöhle die Stalagmiten und Stalaktiten, können sich die beiden Formationen schließlich zu einer durchgehenden Säule vereinigen. Bei schattigen Felsüberhängen können sich selbst im Alpenvorland in einem strengen Winter viele Tonnen schwere Eisskulpturen entwickeln. Zwar bieten diese mit skurrilen Formen und bläulich oder grünlich durchschimmerndem Eis einen faszinierenden Anblick. Dennoch sollte man sich ihnen nicht leichtfertig annähern. Einer der Autoren

Beim Zerfallen wird die Nadelstruktur von Aufeis erkennbar. Die senkrecht zur Schichtstruktur angeordneten Eisnadeln können mehrere Dezimeter lang werden.

hat an gefrorenen Wasserfällen im Zürcher Oberland schon erlebt, dass eine solche Eissäule ohne Vorwarnung plötzlich heruntergekracht ist, obwohl sie zuvor durchaus stabil ausgesehen hatte.

Großen ästhetischen Reiz haben auch kleine Eisgebilde, die sich im Sprühnebel aufprallender Wassertropfen ergeben. Durch ihr langsames, aber gleichmäßiges Wachstum erhält dieses Eis eine bemerkenswerte Klarheit, die an reines Glas erinnert. Davon umschlossene Blätter, Stängel oder Zweige erscheinen durch die gewölbte Eisoberfläche manchmal wie durch eine Lupe vergrößert.

In einem mächtigen Aufeis des Schmelzwasserbachs vor dem Fountain Glacier auf Bylot Island, Nunavut, Kanada, sind horizontale Schichtungen sukzessiver Eisablagerungen erkennbar, nachdem im Sommer ein Schmelzwasserbach einen Teil des Aufeises wieder abgetragen hat.

Bei Wasserfällen bilden sich aus dem gefrierendem Sprühnebel besonders spektakuläre Eisformationen. In strengen Wintern entsteht im Wissengubel bei Gibswil im Zürcher Oberland eine mächtige Eissäule. Man sollte allerdings nicht zu nahe an solche Gebilde herantreten, weil sie unter ihrem eigenen Gewicht kollabieren können.

7

Eindringen, sprengen, kriechen
Permafrost und Eishöhlen

Vorhergehende Doppelseite:
In der Glacière de Monlési im Neuenburger Jura gibt es ganzjährig einen mächtigen Eiskörper.

Die Fließformen auf dem Blockgletscher im Val Muragl lassen erkennen, dass hier Schuttmassen im Permafrost in kriechender Bewegung sind.

In kalten Zonen unseres Planeten gibt es auch Eis im Untergrund. Meist bleibt es unserem Blick verborgen. Auf einem Siebtel der Landfläche in der Nordhemisphäre liegt die Jahresmitteltemperatur unter 0 °C. Ist der Boden dort für mindestens zwei Jahre gefroren, spricht man von Permafrostboden oder kurz Permafrost. Die größten Permafrostgebiete der Erde befinden sich in Sibirien, im Hochland von Tibet, im Norden Kanadas und in Alaska. Außerhalb der Polargebiete gibt es Permafrost zudem in Hochgebirgen und Hochländern. In den Alpen kommt er oberhalb von etwa 2500 m ü. M. vor, an nordexponierten Schattenhängen auch weit darunter. Der Eisanteil im Gebirgspermafrost variiert stark. In kalten Felswänden ist er viel kleiner als in sogenannten Blockgletschern in Hangfußlagen. Wegen steigender Temperaturen tauen Permafrostböden zunehmend auf. Auftauender Gebirgspermafrost macht im Zusammenhang mit Felsstürzen und Murgängen von sich reden, während arktische Permafrostböden bei anhaltender Erwärmung riesige Mengen von Treibhausgasen freisetzen können. Während das Eis in Permafrostböden meist unsichtbar bleibt, tritt es in kalten Höhlensystemen als kompakte Masse in Erscheinung. Manche Eishöhlen sind sogar touristisch erschlossen.

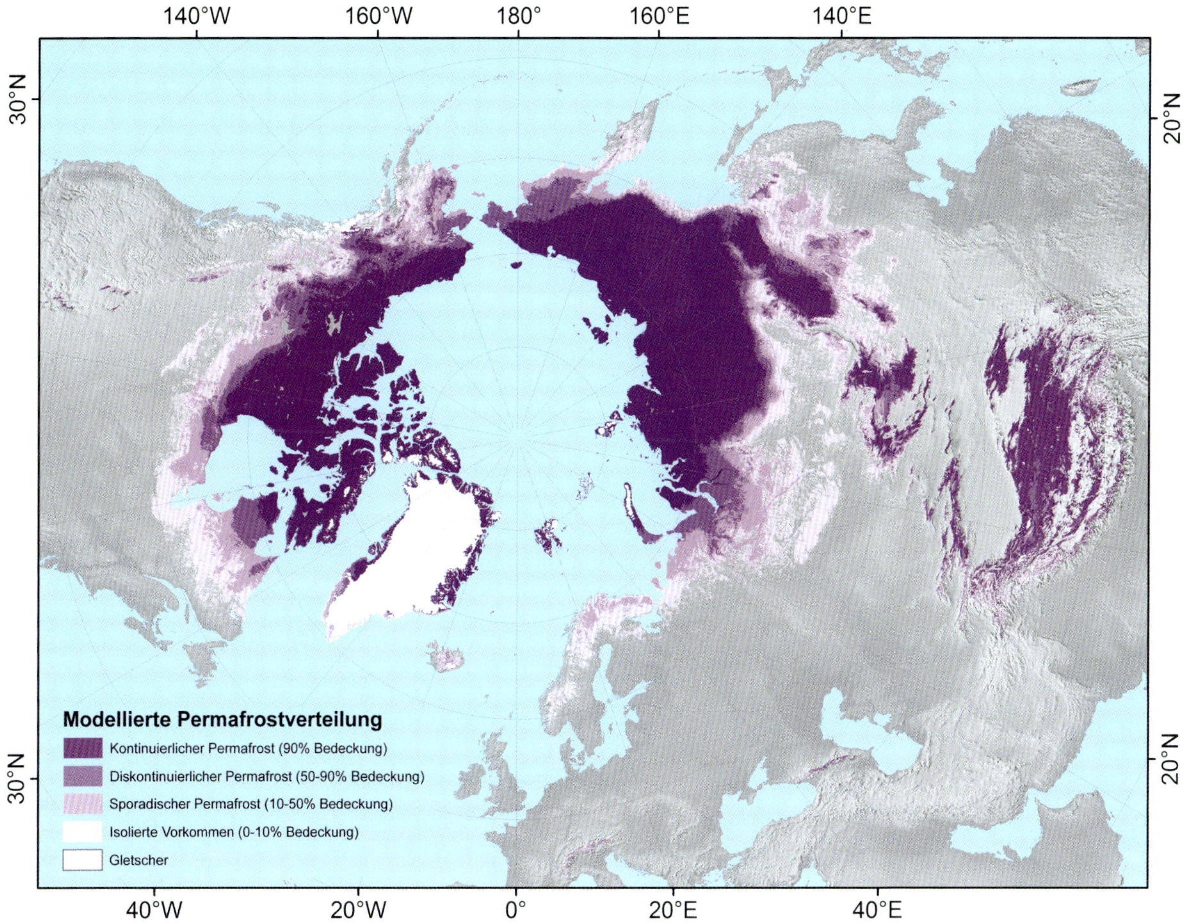

Verbreitung von Permafrost in der Nordhemisphäre. Die Karte wurde aufgrund von Messungen in lokalen Bohrlöchern und Modellrechnungen erstellt (Quelle: Jaroslav Obu et al. 2016, https://doi.org/10.1016/j.earscirev.2019.04.023).

Aufgrund von Bohrungen wissen wir, dass der Boden in der kanadischen Arktis meist bis in Tiefen von 400 bis 600 Metern gefroren ist. In Sibirien gibt es sogar bis in eine Tiefe von 1500 Metern Permafrost, weil diese Region auch in den Eiszeiten ohne Vergletscherung blieb, sodass der Boden während Jahrmillionen stark auskühlte. Vor der Nordküste Sibiriens existiert Permafrost sogar unter dem Meer. Dies ist nur möglich, weil die seichten Küstenregionen wegen des abgesunkenen Meeresspiegels während der letzten Kaltzeit vorübergehend trockenfielen und jahrtausendelang der Kälte ausgesetzt waren. Im Sommer taut die oberste Schicht von Permafrostböden auf. Die Dicke dieser sogenannten *Auftauschicht* variiert je nach Klima zwischen wenigen Dezimetern bis einigen Metern. Weil der Boden darunter aber permanent gefroren bleibt, kann das oberflächliche Schmelzwasser nicht versickern. Besonders in flachem Gelände verwandelt sich die Auftauschicht daher in einen Sumpf, in den man mancherorts knietief einsinkt und zu Fuß kaum vorwärtskommt.

Polygone und Pingos

Ein Peary-Karibu (*Rangifer tarandus pearyi*) auf Axel Heiberg Island kann sich dank seiner gespreizten Hufe sowohl auf weichem Permafrostboden als auch auf Schnee gut fortbewegen. Um in der spärlichen Tundra ausreichend Nahrung zu finden, muss der Pflanzenfresser große Distanzen zurücklegen und Geländepartien aufsuchen, die durch den Wind vom Schnee freigefegt wurden.

Charakteristisch für Permafrost sind *Frostmusterböden*, oft auch als *Strukturböden* bezeichnet. Diese zeichnen sich durch eigenartige Oberflächenmuster aus, die durch Materialbewegungen in Lockersedimenten entstehen. Besonders weit verbreitet und augenfällig sind Dutzende Meter große *Eiskeilpolygone*. Sie entstehen, weil sich der Boden bei tiefen Wintertemperaturen zusammenzieht. Dabei entstehen mehrere Meter tiefe Spalten, in denen sich Raureif bildet. Außerdem kann Schnee und im Frühjahr Schmelzwasser von der Oberfläche eindringen, welches im tieferen Teil der Spalte wieder gefriert. Bei steigenden Temperaturen im Sommer schließt sich die Spalte wieder. Später wiederholt sich der Prozess jahreszeitlich, sodass der Eiskeil bis mehrere Meter dick werden kann und bis 20 Meter in die Tiefe reicht. Direkt an der Oberfläche sieht man allerdings meist kein Eis, weil dieses erst unterhalb der Auftauschicht beginnt. Stattdessen gibt es über den Eiskeilen normalerweise Gräben von einigen Dezimetern Tiefe. Von höherer Warte oder aus dem Flugzeug betrachtet, erscheinen sie als grobmaschiges Netz aus Vielecken oder Polygonen, weshalb man von Eiskeilpolygonen spricht. Besonders augenfällig sind diese, wenn die Gräben nach Regen oder Schneeschmelze wassergefüllt sind.

Eine Kuriosität von Permafrostgebieten sind *Pingos*. Weil die bis Dutzende Meter hohen Hügel mit rundlichem Grundriss fast ausschließlich in topfebenem Gelände vorkommen, wirken sie besonders merkwürdig. Manche haben zuoberst sogar eine Art Krater und erinnern mit ihrer Form an einen kleinen Vulkan. Tatsächlich bricht hier auch etwas aus, allerdings «nur» Eis, und das sehr langsam. Pingos können entstehen, wenn unter den Ablagerungen ausgetrockneter Seen Wasser eingeschlossen wird und im Permafrost gefriert. Infolge der Volumenzunahme beim Gefrieren drückt das Eis die darüberliegenden Ablagerungen nach oben, sodass sich der Hügel bildet. Erreicht das Eis die Oberfläche und beginnt zu schmelzen, entsteht der Krater. Allein auf der Halbinsel Tuktoyaktuk im Norden Kanadas gibt es mehr als 1000 Pingos. Der größte hat einen Basisumfang von etwa einem Kilometer, ist 49 Meter hoch und wächst pro Jahr um mehrere Zentimeter.

In der kanadischen Arktis reicht der Permafrost bis in Tiefen von 600 Metern. Das Polygonmuster entstand durch Eiskeile. In den Gräben über den Eiskeilen hat sich im Frühsommer Schmelzwasser angesammelt.

Feinmaterial aus der Auftauschicht quillt zu kleinen Hügeln auf, während sich größere Steine in den Vertiefungen dazwischen anhäufen (Halbinsel Ny Friesland, Spitzbergen).

Größere Eismengen können in Permafrostgebieten im Boden langsam aufsteigen und darüberliegende Lockersedimente anheben, sodass sich eigenartige Kegel bilden. Der hier abgebildete, 49 Meter hohe Ibyuk Pingo bei Tuktoyaktuk in den kanadischen Northwest Territories gilt als einer der größten der Welt (Bild Bernhard Edmaier).

Gut ausgebildete, etwas mehr als ein Meter breite Steinpolygone bei Ny Ålesund auf Spitzbergen.

Weitaus kleiner, aber nicht minder merkwürdig, sind rundliche *Steinringe* und eckige *Steinpolygone* von einem bis mehreren Metern Durchmesser. Bei manchen bilden größere Steine einen erhöhten Rand um ein Zentrum aus feinkörnigerem Material. Während Eiskeilpolygone durch den jahreszeitlichen Temperaturwechsel entstehen, spielen bei Steinringen und Steinpolygonen kurzfristigere Gefrier- und Auftauprozesse innerhalb der Auftauschicht die Hauptrolle, welche zu vertikalen und horizontalen Kräften führen und Gesteinskomponenten je nach Größe unterschiedlich bewegen und sortieren. Steinringe und Steinpolygone gibt es nur auf einigermaßen flachem Terrain. Weil Böden auf geneigten Oberflächen langsam hangabwärts kriechen, entstehen dort bevorzugt lineare Strukturen, sogenannte *Steinstreifen*.

Will man auf Permafrost beheizte Gebäude oder Infrastruktureinrichtungen errichten, sind bestimmte bauliche Maßnahmen nötig. Damit sie nicht im Boden versinken, muss man den Eisanteil im Boden vor dem Auftauen schützen. Man kann dies erreichen, indem man die Bauten auf Pfeilern errichtet. Dies reduziert zum einen den Wärmetransport vom warmen Gebäude oder der Erdölpipeline nach unten, zum anderen kann kalte Luft darunter hindurchströmen und den Untergrund kühlen.

Etwa die Hälfte der Trans-Alaska-Pipeline musste auf Stelzen errichtet werden, um einem Einsinken in den Permafrostboden vorzubeugen. Die über die Erdölleitung aufragenden Flügel sind Teil eines Kühlsystems, mit denen die Temperatur in den Stelzen auch im Sommer tief gehalten wird.

Obwohl von der breiten Öffentlichkeit kaum wahrgenommen, tauen arktische Permafrostböden derzeit großflächig auf. Dies ist eine direkte Folge der Klimaerwärmung, welche in der Arktis noch weitaus schneller voranschreitet als in den gemäßigten Breiten. Dass die heute in den Nordpolargebieten beobachteten hohen Temperaturen selbst in sehr langen Zeiträumen außergewöhnlich sind, legen Überreste von Mammuts nahe, welche eingefroren im Permafrostboden vor Erosion geschützt bis heute konserviert geblieben sind. Zum Vorschein kommen immer wieder Stoßzähne, manchmal auch ganze Kadaver von Mammuts, die gemäß Radiokarbondatierungen Zehntausende, vereinzelt sogar bis über eine Million Jahre alt sind. Diese, durch dichtes Fell an die Kälte angepasste Gattung der Elefanten war einst in Europa, Asien und Nordamerika weit verbreitet.

Permafrostböden speichern riesige Mengen von Pflanzenresten und Mikroorganismen. Beim Auftauen werden deswegen große Mengen von Kohlendioxid (CO_2) und Methan (CH_4) freigesetzt. Beides sind Treibhausgase, wobei Methan pro Mengeneinheit sogar achtzigmal klimawirksamer ist als Kohlendioxid. Wie beim Rückgang des polaren Meereises (vgl. Kapitel 5) haben wir es hier mit einem Teufelskreis zu tun: Als Folge der

In Permafrostgebieten können eishaltige Lockergesteinsmassen unter dem Einfluss der Schwerkraft als sogenannter Blockgletscher langsam hangabwärts kriechen. Der rund drei Kilometer lange, besonders gut ausgeprägte Blockgletscher am Sourdough Peak in den Wrangell Mountains von Alaska pflügt sich in einen Nadelwald hinein.

Klimaerwärmung tauen Permafrostböden auf, was wiederum Treibhausgase freisetzt, welche die Klimaerwärmung zusätzlich antreiben. Betroffen von dieser Entwicklung war ausgerechnet der Svalbard Global Seed Vault (Weltweiter Saatgut-Tresor auf Spitzbergen). Er besteht im Wesentlichen aus einem umgebauten Stollen einer stillgelegten Kohlegrube und drei Gewölbekammern, in die Saatgut von Nutzpflanzen aus aller Welt eingelagert wird. Dies soll es ermöglichen, nach einer weltweit vernichtenden Katastrophe Reis, Mais, Weizen, Kartoffeln, Früchte, Nüsse und Wurzelgemüse nachzuzüchten. Die Lage tief im Permafrost sollte garantieren, dass die Samen selbst nach einem Totalausfall der Kühlsysteme ohne menschliches Zutun eine längere Zeit schadlos überdauern könnten. Bei einem extremen Tauwetter im Frühling 2017 drang dennoch Schmelzwasser in den Zugangsstollen ein, glücklicherweise aber nicht bis in die Lagerräume. Mit erheblichem finanziellen Aufwand wurden inzwischen bauliche Änderungen und technische Verbesserungen vorgenommen, welche das Saatgut selbst bei einer mittleren Temperaturzunahme an der Oberfläche um über acht Grad Celsius zuverlässig schützen sollen.

Frostsprengung, Felsenmeer und Blockgletscher

Ein durch Frostsprengung zerlegter Gesteinsblock erinnert an einen aufgeschnittenen Brotlaib (Hornsund, Spitzbergen).

Eine Kolonie von Krabbentauchern *(Alle alle)* nutzt eine Schutthalde im Bellsund, Spitzbergen, als Brutplatz.

Temperaturschwankungen sowie Gefrier- und Auftauzyklen haben auch erhebliche Auswirkungen auf kompakte Felsmassen und damit auf großräumige Landschaftsformen. Durch Sonneneinstrahlung erwärmtes Gestein dehnt sich aus, zieht sich aber bei Kälte wieder zusammen. Dadurch entstehen im Inneren Spannungen, welche zunächst zur Bildung feiner Haarrisse und später zum Zerbrechen des Gesteins führen können. Im Alltag erleben wir diesen Effekt, wenn wir kochend heißes Wasser in ein kaltes Glas gießen, worauf dieses zerspringt. Verstärkt wird diese Art von Gesteinsverwitterung, wenn Wasser in die Risse eindringt, gefriert und sich ausdehnt. Diese sogenannte *Frostsprengung* vermag über geologische Zeiträume hinweg ganze Berge buchstäblich in Trümmer zu legen.

In flacherem Gelände entstandene Blockschuttmassen bezeichnet man mit dem treffenden Namen *Felsenmeer*. Häufen sich die Gesteinstrümmer als Folge von Steinschlag am Fuß einer Felswand an, bezeichnen wir diese als *Schutthalde*. Felsenmeere und Schutthalden sind äußerst mühsam zu begehen und gefährlich, weil man leicht straucheln und sich verletzen kann. Allerdings bieten sie mit ihren kleinen Hohlräumen zahlreiche geschützte Nistplätze für Brutvögel. An geeigneten Stellen lassen sich manche Vogelarten in riesigen Kolonien nieder.

In Permafrostzonen wird zwischen den Gesteinstrümmern auch Schnee und Eis eingelagert. Der Eisgehalt verringert die Standfestigkeit der Schutthalde, sodass diese Ablagerung unter dem Einfluss der Schwerkraft langsam talwärts zu kriechen beginnt. Dabei entstehen Gebilde, die in ihrer Form an schuttbedeckte Gletscher erinnern und deshalb als *Blockgletscher* bezeichnet werden. Dies ist insofern irreführend, als «richtige»

Gletscher ganz anders entstehen (vgl. Kapitel 3). Auch fließen Blockgletscher weitaus langsamer. Typische Geschwindigkeiten betragen nur einige Dezimeter bis wenige Meter pro Jahr. Blockgletscher gibt es vor allem in trockenen Hochgebirgsregionen, denn je niederschlagsärmer die Region ist, desto mehr Permafrost gibt es. Weil inneralpin weniger Niederschlag fällt als in den Randgebieten, steigt die klimatische Schneegrenze an. So entsteht eine Höhenzone, die zwar kalt genug ist für Permafrost, in der sich aber infolge Schneemangels noch keine Gletscher entwickeln, welche den Boden vor starker Auskühlung schützen würden.

Durch Frostsprengung erzeugte Schuttmassen kriechen von einem Bergrücken auf Axel Heiberg Island langsam talwärts. Die Farbunterschiede der Steinstreifen entstehen durch verschiedenartige Gesteine im Untergrund.

Bergstürze und Murgänge

Auftauender Permafrost verursacht in Hochgebirgen zunehmend Naturgefahren. Die Zusammenhänge von Klimaveränderung und Permafrost sowie von Permafrost und Massenbewegungen wie Murgänge, Steinschlag und Bergstürze werden derzeit intensiv erforscht. Seit der Jahrtausendwende werden in einem Profil von Spitzbergen, über Skandinavien, die Alpen und bis hin zur Sierra Nevada in Spanien in 100 Meter tiefen Bohrlöchern laufend Gesteinstemperaturen gemessen. Diese stiegen in den letzten Jahren beschleunigt an. Blockgletscher wirken wie Förderbänder, welche Lockergestein talwärts transportieren. An ihren steilen Rändern und Zungen können durch starke Regenfälle oder Schneeschmelze im angehäuften Material in der Auftauschicht Murgänge erzeugt werden, die talwärts stürzen. In besiedelten Gebieten wurden deshalb schon Schutzdämme oder Warnsysteme installiert, um Dörfer und Transportinfrastruktur zu schützen.

Auftauender Permafrost spielt auch eine bedeutende Rolle bei der Entstehung vieler Fels- und Bergstürze. Von *Felsstürzen* spricht man, wenn von einem Berg zwischen 100 und 1 Million Kubikmeter Gestein abbrechen, von *Bergstürzen* bei noch größeren Mengen. Fels- und Bergstürze haben normalerweise eine komplexe Vorgeschichte, bei welcher die geologische Struktur, das Klima und auch Erdbeben eine Rolle spielen können. In Permafrostzonen kommt ein weiterer Faktor dazu: Von der Oberfläche kann Schmelzwasser in Felsklüfte oder Poren dringen, beim Gefrieren durch Volumenzunahme Druck aufbauen und dadurch eine Felspartie destabilisieren.

Gehäuft auftretende Fels- und Bergsturzereignisse werden heute in einem klaren Zusammenhang mit steigenden Lufttemperaturen in großen Höhen gesehen. Aufsehen erregten in den letzten Jahren kleinere Felsstürze am Matterhorn, weil sie Alpinisten blockierten oder weil Aufstiegsrouten vorübergehend gesperrt werden mussten. Um Größenordnungen bedeutendere Felsmassen gingen am Pizzo Cengalo in den Bergeller Alpen nieder. Am 28. Dezember 2011 stürzten 1,5 Mio. m^3 von der Nordwand ins Val Bondasca. Nach weiteren, kleineren Ereignissen ereignete sich am 23. August 2017 ein 3 Mio. m^3 großer Bergsturz, der sich am Fuß der Felswand mit Gletschereis vermischte und dann als Murgang bis zur Ortschaft Bondo gelangte. Mehrere Gebäude und Verkehrswege wurden zerstört, und vermutlich kamen auch acht Bergsteiger ums Leben, die seither vermisst werden.

Seit 2017 wird die Nordflanke des Pizzo Cengalo mit Radarmessgeräten zwecks Früherkennung drohender Abbrüche laufend beobachtet. Ebenfalls mit Radar wird seit Sommer 2018 ein instabiles Felsgebiet «Bim Spitze Stei» oberhalb des Oeschinensees

Ablagerungen eines im Sommer 2022 aus der Ostflanke des Piz Murtèl niedergegangenen Murgangs im Val Roseg, Engadin. Das Bild entstand im Juli 2023, bevor diese Zone am 14. April 2024 von einem mehrere Millionen Kubimeter großen Bergsturz vom Piz Scerscen (links oben, in den Wolken) zugedeckt wurde.

Dämme und Auffangbecken schützen die Ortschaft Pontresina im Oberengadin vor Lawinen und Murgängen, die unter anderem durch auftauenden Permafrost verursacht werden können.

Helle Anrisszone und Sturzbahn des Bergsturzes vom Pizzo Cengalo. Die Anrisszone befand sich im Permafrost. Dunkle Linien links oben deuten auf Eisschmelze im Inneren des Felsens hin.

im Berner Oberland bei Kandersteg überwacht. Von dort brechen schon seit jeher gelegentlich Felspartien ab, doch führten Starkniederschläge und auftauender Permafrost vermutlich auch hier zur beobachteten Zunahme der Abbrüche in den letzten Jahren. Beim Oeschinensee mussten inzwischen einzelne Wanderwege gesperrt und Umleitungen eingerichtet werden. Außerdem wurde am Dorfrand von Kandersteg ein Schutzdamm gebaut, um Murgänge von einer Wohnzone möglichst fernzuhalten.

Vom allgemeinen Gletscherrückgang einerseits und zunehmenden Gefahren durch Berg- und Felsstürze andererseits sind in den letzten Jahren eine Reihe von Zustiegen zu alpinen Clubhütten betroffen. Mancherorts müssen die Hüttenwege verlegt und teils größere Umwege in Kauf genommen werden. Einige Hütten sind sogar direkt betroffen und wurden bereits vorsorglich geschlossen. Falls man sie nicht aufgeben will, müssen sie zukünftig an einem sicheren Standort neu aufgebaut werden, darunter die 1896 gebaute Mutthornhütte in den Berner Alpen und die Chamonna Tuoi am Fuß des Piz Buin nahe der schweizerisch-österreichischen Grenze.

Kalte Schutthalden und Eishöhlen

Normalerweise entspricht die Gesteinstemperatur in einigen Metern Tiefe ziemlich genau der Jahresmitteltemperatur an der Erdoberfläche. Deshalb kommt Permafrost im Alpenraum meist erst oberhalb von 2500 Metern vor. Allerdings gibt es stellenweise auch Permafrost in viel tieferen Lagen. Ein Beispiel dafür ist eine kalte Schutthalde im Felsenkessel Creux du Van im Neuenburger Jura. In derem unteren Bereich gibt es zwischen kantigen Kalkblöcken bis weit in den Sommer hinein Eis. Auf nur 1200 m ü. M. ist der Boden dort dermaßen kalt, dass darauf nur zwergwüchsige Bäume ein kümmerliches Dasein fristen. Der Volksmund bezeichnet dies als *Hexenwald*. Ursache für Bodenkälte und Zwergwuchs ist allerdings keine Zauberei, sondern eine Art «Durchzug» im Blockschutt. Im Winter, wenn im schattigen Felskessel die Temperaturen weit unter den Gefrierpunkt sinken, ist die Luft in den Porenräumen der Schutthalde wärmer als im Freien. Sie steigt zwischen den Felsblöcken wie durch einen Kamin auf und tritt weiter oben wieder aus. Gleichzeitig wird unten kalte Winterluft angesogen. Paradoxerweise kühlt sich deshalb der untere Teil der Schutthalde stärker ab als der obere. Spürbar wird die Bodenkälte an der «Fontaine Froide», wo man sich bei Sommerhitze auf nur 1135 m ü. M. mit eiskaltem Quellwasser erfrischen kann.

Wie bereits erwähnt, fristet das in Permafrostböden vorhandene Eis ein Dasein im Verborgenen und manifestiert sich an der Erdoberfläche meist nur indirekt durch die Bildung von Strukturböden, Felsenmeeren, Blockgletschern und dergleichen. Größere Mengen von Bodeneis gibt es hingegen in sogenannten *Eishöhlen* zu sehen. Ein Beispiel dafür ist die Glacière de Monlési auf dem Kalkplateau zwischen dem Val de Travers und La Brévine. In lockerem Baumbestand gähnt ein imposantes Loch, eine sogenannte *Doline*, in die man über einen exponierten, stellenweise aber mit Halteseil gesicherten Pfad hinunterklettern kann. Am Grund des Schachts führt ein niedriger Eingang in eine Höhle mit Eiszapfen und Eissäulen über einem viele Meter mächtigen Eiskörper. Diesen sollte man ohne Steigeisen und Kenntnis versteckter Schächte allerdings nicht betreten! Die Entstehung einer Eishöhle bedingt einen abwärtsführenden Hohlraum ohne unteren Ausgang. Im Winter fließt kalte, schwere Außenluft in die Höhle. Im Frühling sickert Schmelzwasser von der Oberfläche in die Höhle, gefriert und trägt zum Wachstum des Eiskörpers bei. Im Sommer bleibt selbst bei großer Hitze die kalte Luft in der Höhle gefangen, sodass das Eis kaum schmilzt und jahrhunderte- wenn nicht gar jahrtausendelang erhalten bleibt.

In einer Blockhalde am Fuß des Creux du Van im Neuenburger Jura gibt es bis in den Sommer hinein Eis. Der stets kalte Untergrund behindert das Pflanzenwachstum, sodass in diesem «Hexenwald» mehrheitlich nur kümmerliche Bäume wachsen.

Eisformationen in der Glacière de Monlési. Durch den nach oben offenen Schacht gelangen Schnee, aber auch sehr kalte Winterluft in diese Eishöhle im Neuenburger Jura.

Eishöhlen findet man in Karstgebieten, also auf Kalk oder Dolomit, da die Wasserlöslichkeit dieser Gesteine Höhlenbildungen erst ermöglicht. Berühmte Eishöhlen in Österreich sind die touristisch erschlossene Eisriesenwelt im Tennengebirge, Salzburg, und die Rieseneishöhle im Dachsteingebirge, Oberösterreich, und in der Slowakei die Eishöhle Dobšinská ľadová janskyňa. Kalte Schutthalden und Eishöhlen wurden früher genutzt, um verderbliche Lebensmittel einzulagern. Die gleiche Funktion haben bis heute Eiskeller in der Arktis. In den Permafrost getriebene Schächte und Tunnel dienen als Tiefkühlräume, die ohne Kühlaggregate auskommen. Wenn im Sommer die Sonne selbst um Mitternacht scheint und die Lufttemperatur auf Hitzegrade ansteigt, haben diese im hohen Norden bis heute eine praktische Bedeutung.

Die Rieseneishöhle im Dachstein-Gebirge ist touristisch erschlossen. Der grünliche Eiskörper im Vordergrund zeigt deutlich erkennbare Wachstumsschichten.

Touristen gelangen durch einen ins Eis gehauenen Tunnel in die Eishöhle Dobšinská l'adová janskyňa in der nördlichen Slowakei.

8

Erstarren, ausbreiten, verschwinden
Eiszeitgletscher und ihre Spuren

Vorhergehende Doppelseite: Die rötlichen Erdpyramiden von Ritten bei Bozen entstanden in späteizeitlichen Gletscherablagerungen, welche das Regenwasser erodiert, während die größeren Gesteinsblöcke das unter ihnen liegende, weichere Material vor der Abtragung schützen.

Die Herkunft von Findlingen oder Erratikern wie die «Grossi Flue» im Schweizer Kanton Solothurn war den Gelehrten bis ins frühe 18. Jahrhundert ein Rätsel. Heute wissen wir, dass die rund 1200 Kubikmeter großen Felsblöcke vom eiszeitlichen Rhone-Gletscher aus den Walliser Alpen über eine Distanz von 190 Kilometer bis nach Steinhof im Kanton Solothurn transportiert und dort abgelagert wurden.

Schnee und Eis in den uns heute vertrauten Mengen sind, erdgeschichtlich betrachtet, ein Sonderfall. Es mag paradox erklingen, aber wir leben derzeit im Eiszeitalter. Während unvorstellbar langer geologischer Zeiträume gab es auf der ganzen Erde kaum Schnee oder Eis. Beispielsweise existierten in der 186 Mio. Jahre langen Ära des Mesozoikums, dem Zeitalter der Saurier, nirgends auf der Welt Gletscher, denn die Temperaturen waren weit höher als heute. Erst vor 34 Mio. Jahren entstanden in der Antarktis seit sehr langer Zeit wieder erste Gletscher. Vor 2,58 Mio. Jahren setzte auch in der Arktis und den Gebirgen der gemäßigten Breiten verstärkte Eisbildung ein. Seither wechseln sich längere *Kaltzeiten*, umgangssprachlich auch als *Eiszeiten* bezeichnet, mit kürzeren *Warmzeiten* ab.

Die aktuelle Warmzeit, das sogenannte Holozän, begann vor etwa 11 700 Jahren und war begleitet von einem Rückgang der Vergletscherung, welche zuvor weite Teile Nordeuropas, der Britischen Inseln und der Alpen bedeckt hatte. Während der vorangegangenen, letzten Kaltzeit waren die Alpengletscher mehrmals bis weit ins Alpenvorland hinaus vorgestoßen, zum Beispiel der riesige Rhein-Gletscher aus dem Kanton Graubünden über Chur, Bregenz, den Bodenseeraum bis fast nach Biberach an der Riß in Baden-Württemberg. Wie wir in Kapitel 3 gesehen haben, hinterlassen zurückweichende Gletscher Spuren in Form von Gletscherschliffen, Moränen und Findlingen. Tatsächlich sind es genau diese Eiszeitrelikte, über welche die Wissenschaft im frühen 19. Jahrhundert nach und nach Hinweise zu Klimaveränderungen über geologische Zeiträume hinweg erlangte. Zuvor hatte man sich oft über die Herkunft der *Findlinge*, Gesteinsblöcke aus ortsfremdem Gestein, gewundert. Weil sie nicht zur Umgebung passen, werden sie

heute nach dem lateinischen Wort für (umher)irren, errare, auch als *Erratiker* oder *erratische Blöcke* bezeichnet. Der schottische Naturforscher James Hutton (1726–1797) behauptete in seiner 1795 erschienenen «Theory of the Earth», Granit-Erratiker bei Genf seien auf einem Gletscher aus den Alpen dorthin gelangt. Allerdings stieß seine Theorie bei der zeitgenössischen Fachwelt zunächst auf Unverständnis, unter anderem, weil sie nicht mit wörtlich verstandenen Bibeltexten zur Entstehung der Welt im Einklang stand.

Blöcke aus ortsfremdem Gestein führten die Naturgelehrten des 19. Jahrhunderts auf die Spur der Eiszeitgletscher. Diese zwei Erratiker stammen aus dem Mt. Blanc-Massiv. Sie wurden vom eiszeitlichen Rhone-Gletscher fast 200 km weit bis zur Martinsflue bei Solothurn (CH) transportiert. Gemäß moderner Modellrechnungen dauerte diese Reise rund zwei Jahrtausende. An der Gletscherzunge abgelagert wurden sie vor etwa 20 000 Jahren, kurz nach dem Höhepunkt der letzten Kaltzeit.

Wo es im Untergrund an Hartsteinen mangelte, sammelte man bis ins 19. Jahrhundert vielerorts Erratiker zur Verwendung als Baumaterial, wie im Turm von Halten, Kanton Solothurn. Erst später wurden sie als wertvolle Zeugen aus der Eiszeit unter Schutz gestellt.

Nebst Erratikern sind Gletscherschliffe und Gletschertöpfe untrügliche Anzeichen für eine frühere Vergletscherung und erlauben die Rekonstruktion einstiger Gletscherhochstände. Besonders schöne Exemplare sind im Gletschergarten von Luzern zu besichtigen.

Der «Monstergletscher» und die Eiszeit

Nach einer verheerenden Gletscherkatastrophe im Jahr 1818 infolge eines Gletscherseeausbruchs im Val de Bagnes (Wallis) begann man sich vermehrt für das Naturphänomen «Gletscher» zu interessieren, was schließlich zur Entdeckung des Phänomens «Eiszeit» führte. Ignaz Venetz (1788–1859) unternahm ausgedehnte Erkundungstouren mit dem Bergführer Jean-Pierre Parraudin (1767–1858). Dieser wies ihn auf Gletscherspuren im Gelände hin, die frühere Gletschervorstöße anzeigten. Dass die Gletscher einst viel größer gewesen sein mussten, fand auch Jean de Charpentier (1786–1855), seines Zeichens Direktor der Salzminen von Bex. Sorgfältig dokumentierte er Gletscherschrammen in den Walliser Tälern und Erratiker im westlichen Schweizer Mittelland. Darauf basierend gestaltete er eine bemerkenswert genaue Karte der Ausdehnung eines «glacier monstre», eines früheren, längst verschwundenen «Monstergletschers».

Mit der Entdeckung von Gletschervorstößen bis ins Alpenvorland stellte sich natürlich auch die Frage nach deren Ursache. Jean de Charpentier glaubte, dass die Alpen in der Urzeit viel höher gewesen seien, was zu mehr Schneefall und schließlich zu extremen Gletschervorstößen geführt habe. Heute wissen wir allerdings, dass seine Annahmen falsch waren.

Kartenskizze des letzteiszeitlichen Walliser- oder Rhone-Gletschers von Jean de Charpentier. Die gelblich hervorgehobene Gletscherzunge erstreckte sich aus dem Rhonetal bis über den Genfersee, an den Jura-Südrand, sogar in einige Juratäler hinein und bis nach Wangen an der Aare.

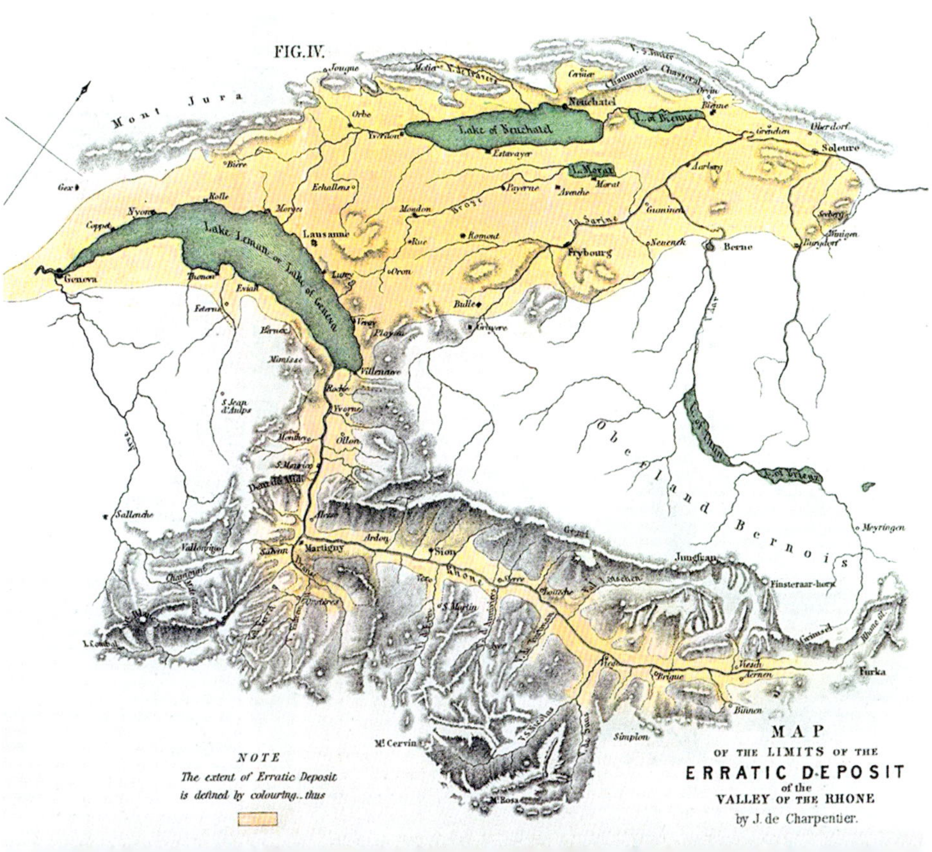

Karl Friedrich Schimper (1803–1867) sprach 1835 bis 1836 bei Vorträgen in München von einem «Weltwinter» als Ursache für Gletschervorstöße aus den Bayrischen Alpen und prägte später den Begriff *Eiszeit*. Auch Louis Agassiz (1807–1873) aus Haut-Vully im Schweizer Kanton Freiburg ging von Klimaveränderungen als Ursache der Gletschervorstöße aus. Seine einprägsamen Vorträge über eine «Epoche klirrender Kälte, die sich über eine Welt legte und ein Leichentuch über die gesamte Natur ausbreitete», fanden viel Beachtung, sodass die Entdeckung der Eiszeit manchmal fälschlicherweise ihm zugeschrieben wurde. Eingeladen von britischen Naturforschern, unternahm Agassiz eine ausgedehnte Reise durch die schottischen Hochländer. Dort fand er einerseits zahlreiche weitere Hinweise auf die abtragende Wirkung eiszeitlicher Gletscher in einer Region, in der es heute keinen einzigen mehr gibt. Andererseits konnte er die Entstehung der mysteriösen «Parallel Roads of Glen Roy» als Strandlinien eines eisgestauten Sees erklären. Spätere Beobachtungen von Gletscherspuren in Nordamerika führten Agassiz zur Überzeugung, dass sich die Eiszeit nicht auf die Alpenregion beschränkte, sondern ein globales Phänomen war (siehe unten).

Für die eigenartig horizontal verlaufenden Linien an diesen Bergflanken in Schottland, die «Parallel Roads of Glen Roy», gab es lange nur abstruse Erklärungsversuche. Manche glaubten, es handele sich um Reste einstiger Verkehrswege – für die Adeligen zuoberst, für die Unterschicht zuunterst! Louis Agassiz erkannte, dass es sich um Strandlinien eines eisgestauten Sees handelt, dessen Pegel je nach Höhe der Gletscheroberfläche manchmal höher oder tiefer stand.

Gletscherschliffe im New Yorker Central Park entstanden durch einen südlichen Ausläufer des riesigen Laurentidischen Eisschilds, der sich über fast ganz Kanada und bis hierhin ausgebreitet hatte.

Immer mehr Eiszeiten

Anfang des 20. Jahrhundert fanden Albrecht Penck (1858–1945) und Eduard Brückner (1862–1927) durch Beobachtungen an Flussablagerungen in Süddeutschland heraus, dass es nicht nur eine, sondern ihrer Ansicht nach vier Kaltzeiten gegeben hatte. Sie benannten sie nach Flüssen im Untersuchungsgebiet Günz-, Mindel-, Riß- und Würmeiszeit. Die Rekonstruktion früherer Kaltzeiten wird dadurch erschwert, dass jeder große Gletschervorstoß einen Teil oder sogar sämtliche Spuren vorangegangener Gletscherhochstände zerstört. Als aufschlussreich haben sich inzwischen aber Daten aus Bohrproben von Mooren und Seen sowie Eisbohrkernen aus Grönland und der Antarktis erwiesen (vgl. Kapitel 3). Die aktuell tiefsten Bohrkerne aus der Antarktis reichen bis 800 000 Jahre zurück. Aus den bei der Entstehung der Firnschichten eingeschlossenen Luftblasen lässt sich ablesen, dass der Kohlendioxidgehalt der Atmosphäre in der Vergangenheit starken Schwankungen unterworfen war, nämlich zwischen etwa 180 und 300 ppm (parts per million). Gleichzeitig geben Messungen von Sauerstoff-Isotopen-

Verhältnissen Hinweise auf Lufttemperaturen. Schließlich zeigte sich, dass tiefe Temperaturen mit geringen CO_2-Konzentrationen, hohe Temperaturen mit hohen CO_2-Konzentrationen einhergehen. Der Zusammenhang erscheint verständlich, weil sich CO_2 bei Kälte besser in Meerwasser auflöst und dadurch der wärmende Treibhauseffekt dieses Gases in der Atmosphäre abnimmt und umgekehrt. Allerdings bleibt die Frage, ob Klimaveränderungen Ursache oder Folge der Schwankungen des atmosphärischen CO_2-Gehalts waren.

Noch viel weiter in die geologische Vergangenheit lassen uns Bohrkerne aus Ablagerungen in arktischen und antarktischen Meeren blicken. Sie zeigen uns, welche Sedimente von Gletschern und Flüssen ins Meer gelangten, denn diese werden, anders als Gletscherablagerungen zu Land, bei späteren Kältephasen nicht wieder zerstört. Solche Untersuchungen weisen auf zahlreiche, ausgeprägte Kaltzeiten in den letzten 2,58 Mio. Jahren hin, ein geologischer Zeitabschnitt, den man heute als *Quartär* oder *Eiszeitalter* bezeichnet. Bemerkenswert ist, dass die Kaltzeiten im frühen Eiszeitalter etwa alle 41 000 Jahre eintraten, aber seit 700 000 Jahren vor heute etwa alle 100 000 Jahre. Diese Beobachtungen sind höchst bedeutsam, weil der serbische Mathematiker Milutin Milanković (1879–1958) bereits viel früher in einer mathematischen Fleißarbeit, damals noch ohne Taschenrechner oder Computer, die Auswirkungen geringfügiger Veränderungen von Drehachse und Erdbahn um die Sonne berechnet hatte. Er konnte zeigen, dass die Sonneneinstrahlung je nach Jahreszeit und geografischer Breite leicht schwankt. Die Veränderungen der Bewegungsparameter der Erde und ihre Folgen sind höchst komplex und können an dieser Stelle nicht ausreichend dargelegt werden. Die Quintessenz ist aber, dass sie zu Strahlungsschwankungen mit verschiedenen Perioden führen, die sich überlagern und zur beobachteten Abfolge von Warm-Kaltzeit-Zyklen passen. Die nach ihm benannten *Milanković-Zyklen* fanden in der Fachwelt zunächst wenig Widerhall, doch geht man heute davon aus, dass sie tatsächlich in einem Zusammenhang mit der periodischen Abfolge der Warm- und Kaltzeiten stehen. Allerdings gab es die von Milanković berücksichtigten Schwankungen der Erdbewegungen auch vor dem Eiszeitalter. Sie können dieses also nicht ausgelöst haben.

Seebecken im Alpenvorland entstanden durch die Tiefenerosion eiszeitlicher Gletscherzungen. Blick von der Oberen Waidstrasse über Zürich bis zu den Glarner Alpen.

Das Vermächtnis der Gletscher

Was auch immer das Eiszeitalter verursacht haben mag, das Landschaftsbild einstmals vereister Erdregionen ist stark vom Eis geprägt. Wie wir schon in Kapitel 3 gesehen haben, bewirken Gletscher sowohl Abtragung als auch Ablagerung von Gesteinsmaterial. Die durch die Alpentäler abfließenden Eisströme entwickelten dank einer Dicke von bis über zwei Kilometern eine enorme Erosionskraft, schliffen und rundeten kantige Felsen zu rundlich-buckligen Oberflächen ab und schürften tiefe Wannen aus, die sich uns heute, wassergefüllt, als Alpenrandseen präsentieren. All die prachtvollen, bei Touristen wie Einheimischen beliebten, von schroffen Ufern umsäumten Gewässer wie Vierwaldstättersee, Lago Maggiore und Hallstätter See gäbe es nicht ohne glaziale Tiefenerosion. Diese war so stark, dass beispielsweise die Sohle des Lago Maggiore maximal 179 Meter unter der Höhe des Meeresspiegels liegt. Zu solcher Tiefenerosion wäre ein Fluss nie in der Lage, weil er nicht aufwärts fließen kann und doch ins Meer münden muss. Auch die tief ins Land hineingreifenden Fjorde in Norwegen, Schottland, im Süden Chiles und Neuseelands oder an den Pazifikküsten Kanadas und Alaskas gäbe es nicht ohne das Wirken kaltzeitlicher Gletscher.

Seen weiter außen im Alpenvorland wie der Zürichsee oder der Starnberger See südwestlich von München liegen zwar auch in glazial übertieften Becken, doch war das Eis dort dünner, die Tiefenerosion schwächer und die Seen entsprechend weniger tief. Dafür gibt es bei ihrem nördlichen Ende Reste von *Endmoränen*, welche die Gletscherzungen bei den jeweiligen Rückzugsstadien zurückgelassen haben. In Zürich bot der Moränenhügel des Lindenhofs trotz bescheidener Höhe einen vor Überflutung sicheren Platz für Siedlungen, die dort schon für das 2. Jahrtausend vor unserer Zeitrechnung vermutet werden und seit der Keltenzeit nachgewiesen sind.

Zu den Ablagerungen kaltzeitlicher Gletscher gehören auch kurios wirkende Ansammlungen von Hügeln, sogenannte *Drumlins*. Dieser Begriff stammt aus dem Irischen (droimnin) und bezeichnet einen kleinen Höhenrücken. Viele Drumlins weisen im Grundriss eine tropfenartige Stromlinienform auf, die zur ehemaligen Fließrichtung des Eises passt. Es handelt sich um Haufen von Moränenschutt, die vom Gletscher überfahren, deformiert und in ihre heutige Form gebracht wurden. Berühmte Drumlinfelder dominieren das Landschaftsbild bei Hirzel und Wetzikon in den Kantonen Zug und Zürich.

Bedeutsame Spuren der Kaltzeiten befinden sich auch außerhalb der Maximalstände der Gletscher. Den Gesteinsschutt, welche die Gletscher aus dem Gebirge heranschafften, schwemmten die Schmelzwasserströme weiter ins Vorland hinaus und lagerten ihn

Vorhergehende Doppelseite: Das Salzkammergut ist eine klassische, von Gletschern überformte Landschaft. Trogtäler mit steilen Seitenwänden, rundlich abgeschliffenen Bergkuppen und tiefen Seebecken wie hier beim Hallstätter See entstanden über mehrere Kaltzeiten hinweg durch die Erosionswirkung des Eises.

Tief eingeschnittene und von Gletschern bis weit unter den Meeresspiegel ausgeschliffene Täler sind heute als Fjorde wieder vom Meer geflutet. Im Geirangerfjord, einem UNESCO Weltnaturerbe in Norwegen, navigieren Kreuzfahrtschiffe zwischen Felswänden hindurch 100 km tief ins Landesinnere.

dort wieder ab. Die teils mächtigen Schotterablagerungen sind heute von unschätzbarem Wert. In teils großflächigen Kiesgruben wird der für die Bauwirtschaft unentbehrliche Rohstoff abgebaut. Dies führt allerdings zu einem Nutzungskonflikt, denn die Lagerstätten enthalten dank ihrer Porosität große Mengen Grundwasser, welches in dicht besiedelten Regionen ebenfalls Mangelware ist.

Gleichsam als Nebenprodukt produzieren Kiesgruben in seltenen Fällen für die Wissenschaft wertvolle Überraschungen in Form von Mammutzähnen. Die mächtigen, mit dichtem Fell bestens an kaltes Klima angepassten Verwandten der Elefanten bevölkerten die Gletschervorfelder und weideten in der Tundra. Zu den typischen Vertretern der mitteleuropäischen Kaltzeitfauna zählen auch Rentiere, deren Anpassung an Permafrostböden und Schnee wir bereits in Kapitel 7 kennengelernt haben. Von Rentieren Mitteleuropas besitzen wir heute nicht nur Knochen und Geweihe, sondern auch bildliche Darstellungen, denn in der eisfreien Tundra waren auch Menschen unterwegs. Früher oft als «Höhlenbewohner» bezeichnet, nutzten die Menschen der Altsteinzeit zwar gelegentlich Felsüberhänge und Höhlen für temporären Schutz, bevorzugten als Unterkunft aber Zelte aus Tierhäuten. Da die Rentierjagd für sie überlebenswichtig war, ist es nicht erstaunlich, dass sie diese Tiere sehr genau beobachteten und Skizzen anfertigten. Eine der schönsten stammt aus dem Kesslerloch bei Thayngen im Schweizer Kanton Schaffhausen. Bei Grabungen kamen dort Knochen von 53 verschiedenen Tierarten zum Vorschein, nebst Rentier auch von Mammut, Wollnashorn, Steinbock und Gämse.

Die künstlerische Darstellung aus Oswald Heers «Die Urwelt der Schweiz» von 1865 zeigt, wie der Linth-Rhein-Gletscher bei Zürich endet und Eisberge kalbt. Im Vordergrund weiden Murmeltiere, Rentiere und Mammuts, letztere mit falsch orientierten Stoßzähnen. Die Gletscherzunge endete in Zürich vor 19 500 Jahren; Vor 24 000 Jahren reichte sie noch etwas weiter bis Killwangen im Kanton Aargau.

Bei Euseigne vereinigten sich in der letzten Kaltzeit je ein Talgletscher aus dem Val d'Hérens und einer aus dem Val d'Hérémence. Bei ihrem Rückgang hinterließen sie an diesem Berghang Moränenschutt, welche die Erosion zu bizarren Türmen geformt hat. Größere Steinblöcke schützen das darunterliegende Lockergestein vor dem Regen, sodass es länger stehen bleibt. Von manchen der Türme ist der schützende «Steinhut» allerdings schon heruntergefallen.

Klassisch ausgeprägte Drumlinlandschaft zwischen Menzingen, Kanton Zug, und Hirzel, Kanton Zürich. Auf einzelnen Drumlins steht eine einzelne Linde, einst gepflanzt als Erinnerung an ein für die Lokalbevölkerung bedeutsames Ereignis.

In einer Grube bei Attiswil im Kanton Bern wird kaltzeitlicher Schotter abgebaut. Im türkisfarbigen See wird Schlamm deponiert, welcher beim Aussortieren und Waschen des Kieses anfällt. Die oberste, links oben sichtbare Schicht ist eine Grundmoräne. Sie wurde vom Rhone-Gletscher zuletzt abgelagert, als die Gletscherzungen nochmals kurz über die etwas älteren Schotter vorstieß.

Ritzzeichnung eines männlichen Rentiers aus dem Kesslerloch bei Thayngen (Skizze des berühmten Geologen Albert Heim). Das Original befindet sich im Rosengartenmuseum von Konstanz.

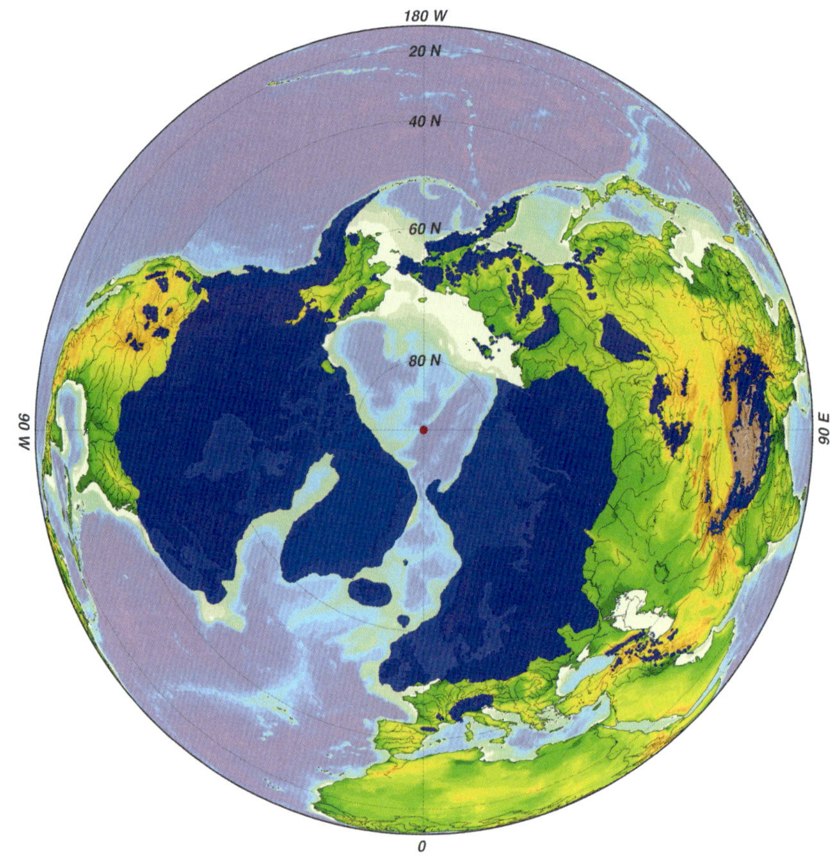

Nordhalbkugel der Erde mit maximaler Ausdehnung der Vergletscherung (blau) im Eiszeitalter. Ein komplexer Eisschild erstreckt sich von den Britischen Inseln über Nordeuropa bis zum nördlichen Mittelsibirien, ein zweiter hat sich über Kanada und die nordöstlichen USA ausgebreitet und ist mit dem Grönländischen Eisschild verbunden. Wegen des gesunkenen Meeresspiegels besteht zwischen Ostsibirien und Alaska eine breite Landverbindung (hellgelb, Bild Hannes Grobe, Alfred-Wegener-Institut).

Gesunkener Meeresspiegel

Die derzeitige, durch die globale Erwärmung verursachte Gletscherschmelze in aller Welt bewirkt einen Anstieg des Meeresspiegels (siehe Schluss dieses Kapitels), doch in den Kaltzeiten geschah genau das Gegenteil. Während auf den Landmassen Gletscher und Eisschilde wuchsen, floss immer weniger Schmelzwasser zurück in die Ozeane. Das im Eis gespeicherte Wasser «fehlte» in den Ozeanen, sodass der Meeresspiegel in den kältesten Phasen um bis zu 120 Meter sank. Eine Landkarte Europas hätte deshalb ganz anders ausgesehen als heute. Der nördliche Teil der Adria sowie der Ärmelkanal lagen trocken, ebenso fast die ganze Nordsee. Die Britischen Inseln waren keine mehr, sondern ein Teil Festlandeuropas. Hinweise auf eine einst trockenliegende Nordsee bemerkten zunächst Fischer. Aus ihren Grundschleppnetzen bargen sie nämlich manchmal Torfblöcke,

Geweihe und steinzeitliches Jagdgerät. 2009 kam bei Baggerarbeiten 16 km vor der niederländischen Küste sogar ein Schädelfragment eines Neandertalers zum Vorschein.

Der in den Kaltzeiten tieferliegende Meeresspiegel hatte großräumige Auswirkungen. Zum einen ermöglichten die neu entstandenen Landmassen eine weitere Ausbreitung der Eisschilde, denn solche können sich nur über Landflächen bilden und erhalten. Derjenige über Skandinavien vereinigte sich im Südwesten mit dem kleineren über den Britischen Inseln und im Norden über die trockengefallene Barentssee mit denjenigen von Spitzbergen und Franz-Josef-Land. Allerdings blieben Teile des nordöstlichen Sibiriens und die weit gegen Norden trockengefallene Ostsibirische See wegen dem dort sehr trockenen Klima unvergletschert. Das neue Land war der strengen Kälte schutzlos ausgesetzt, sodass sich Permafrost bis in eine Tiefe von 1500 Metern entwickeln konnte. Nach dem Wiederanstieg der Temperatur am Ende der letzten Kaltzeit überflutete die Ostsibirische See weitläufige Permafrostgebiete, doch existiert dort untermeerischer Permafrost bis heute (vgl. Kap. 7).

Horizontale, der Südküste von Devon Island (kanadische Arktis) folgende Linien sind gehobene Strandlinien. Die höchsten befinden sich am Fuß des steilen Berghangs links oben auf beinahe 100 m ü. M.

Gehobene Strandlinien, sichtbar als küstenparalleles Streifenmuster im Nordwesten von Devon Island, kanadische Arktis, zeugen vom Zurückweichen des Meeres aufgrund isostatischer Landhebung. Das Meer ist noch von Packeis bedeckt (rechts).

Von der Steilküste bei Étretat in der Normandie hätte man in den kältesten Phasen des Eiszeitalters kein Meer gesehen, der Ärmelkanal lag vollständig trocken. Erst mit dem Abschmelzen der auf dem Land liegenden Eismassen stieg der Meeresspiegel wieder an, trennte Großbritannien von Kontinentaleuropa, und die Meeresbrandung arbeitet seither wieder an der Erosion der landschaftlich so spektakulären «Alabasterküste».

Während am Ende der letzten Kaltzeit viele Flachmeere und Küstengebiete durch den Meeresspiegelanstieg überflutet wurden, geschieht mancherorts und bis heute genau das Gegenteil. Zum Beispiel rund um die Ostsee taucht neues Land aus dem Meer auf, die Küstenlinien verschieben sich meerwärts. Dadurch wurden an der Westküste Finnlands in den letzten Jahrhunderten mehrere Seehäfen unbrauchbar. Ganze Hafenstädte wie Pori und Vaasa mussten um mehrere Kilometer nach Westen verlegt werden, um wieder Meeresanschluss zu erhalten. Was ist hier passiert? Während der letzten Kaltzeit drückte das enorme Gewicht des Eisschilds das Land, ermöglicht durch die plastische Verformbarkeit des Erdmantels, in die Tiefe. Seit dem Verschwinden der Eismassen und dem Wegfallen ihres Gewichts steigen die Landmassen wieder an. Dies geschieht allerdings verzögert, sodass die sogenannte *isostatische Landhebung* bis heute anhält. Sie beträgt aktuell bis 9 Millimeter pro Jahr. In Teilen Schwedens und Finnlands stieg die Landoberfläche um insgesamt bis 300 Meter an. Belegt wird dies unter anderem durch Funde von Meeresmuscheln bis zur entsprechenden Höhe. Isostatische Hebung findet auch in Schottland, Spitzbergen oder im Norden Kanadas statt.

In tiefer Urzeit

Nördlich des Lake Huron in Kanada gibt es Kaltzeitspuren der ganz besonderen Art. Ein hervorragendes Beispiel befindet sich gleich neben dem Trans-Canada Highway bei der Stadt Sudbury. Zum einen gibt es hier zunächst ganz normale Gletscherschliffe, welche der Laurentidische Eisschild im Verlauf der letzten Kaltzeit geschaffen hat. Zum anderen befinden sich die Gletscherschliffe auf einem höchst bedeutsamen Gestein. Es besteht aus teils kantigen, teils abgerundeten Fragmenten ganz unterschiedlicher Größe und mineralischer Zusammensetzung. Dabei handelt es sich um eine Gletscherablagerung, die unter hohem Druck zu einem Hartgestein verfestigt wurde, um einen sogenannten *Tillit*. Dieser hat allerdings rein gar nichts mit dem derzeitigen Eiszeitalter zu tun, denn sein Alter wurde auf 2,3 Milliarden Jahre bestimmt. Er ist somit fast tausendmal älter als die frühesten Kaltzeiten des aktuellen Eiszeitalters. Tillite ähnlichen Alters aus Südafrika, Indien und Australien deuten auf eine Kältephase globalen Ausmaßes hin, die man wegen der Funde am Lake Huron als *Huronisches Eiszeitalter* bezeichnet. Zeitlich ist dieses halbwegs zwischen der Entstehung der Erde vor 4,54 Milliarden Jahren und der Gegenwart einzuordnen.

Bereits in Kapitel 4 haben wir *Dropstones* als Zeugen driftender Eisberge kennengelernt. Mit Tilliten, Dropstones, Gletscherschliffen und anderen geologischen Anzeichen wurden weitere Eiszeitalter gefunden. Das vielleicht kälteste spielte sich vor 720 bis 635 Mio. Jahren ab, als der Großteil der Erde mindestens zweimal von Eis bedeckt war (Snowball Earth), ein weiteres vor 444–445 und eines von 350 bis 280 Mio. Jahren.

Bis heute ist die Suche nach den Ursachen für Eiszeitalter Gegenstand erdwissenschaftlicher Forschung und nicht abgeschlossen. Als auslösende Faktoren werden Vulkanismus und Gebirgsbildungsphasen diskutiert, welche Auswirkungen auf die atmosphärische Konzentration von Treibhausgasen haben. Bedeutsam scheint auch die durch Plattentektonik veränderliche Lage der Kontinente zu sein. Sind sie als Landgürtel um einen der Pole angeordnet, verhindern sie den Wärmetransport durch Meeresströmungen in die Polargebiete. Diese Situation haben wir heute teilweise, denn der Arktische ist nur auf einer Seite mit dem Atlantischen Ozean verbunden. Direkt an einem der beiden Pole liegende Landmassen scheinen ebenfalls Kaltzeiten auslösen zu können, da sie für die Entstehung von Eisschilden – wie heute in der Antarktis – notwendig sind. Unbestritten ist, dass beim Wechsel zwischen Warm- und Kältephasen *positive* und *negative Rückkoppelungen* eine wichtige Rolle spielen. Dazu gehören die bereits oben angesprochenen Veränderungen des CO_2-Gehalts der Atmosphäre sowie der in Kapitel 5

Einer der Verfasser dieses Buches studiert an einem rund 20 000 Jahre alten Gletscherschliff bei Sudbury, Kanada, die klare Ausprägung eines 2,3 Milliarden Jahre alten Tillits aus dem Huronischen Eiszeitalter.

diskutierte Albedo-Effekt. Zur Erinnerung: Je mehr Schnee und Eis auf Land und Meeren liegen, desto mehr Sonnenstrahlung wird von der Erde ins Weltall zurückgestrahlt, anstatt sie zu erwärmen. Gletscher und Eischilde haben wegen ihren hellen Oberfläche so etwas wie einen «Selbsterhaltungstrieb». Zudem sind sie ganz einfach dick, zwingen anströmende Luftmassen zum Ansteigen, was wiederum die Niederschlags- und folglich die Eisbildung verstärkt. Demgegenüber schwindet mit fallenden Lufttemperaturen die Fähigkeit der Atmosphäre, Luftfeuchtigkeit vom Meer aufs Land zu transportieren. Tatsächlich gibt es Hinweise darauf, dass beispielsweise die letzte Kaltzeit in Europa zwar während feucht-kühler Klimabedingungen begann, dass die Gletscher gegen Ende der Kaltzeit aber buchstäblich «verhungerten», weil sie in einem zwar sehr kalten, aber trockeneren Klima immer weniger «Nahrung» durch Schneefälle erhielten.

Steigender Meeresspiegel

Was hält die Zukunft für den Planeten Erde bereit? In den letzten zweieinhalb Millionen Jahren hatten wir einigermaßen regelmäßige Kalt-Warmzyklen, welche mit natürlichen CO_2-Schwankungen einhergingen. Da die Menschheit den CO_2-Gehalt der Atmosphäre seit Beginn der Industrialisierung bereits um die Hälfte erhöht hat, müssen wir annehmen, dass der aktuelle Zyklus unterbrochen wurde und sich das Erdklima zukünftig nicht mehr zu einer vollen Eiszeit zurückentwickeln wird, wie es sonst zu erwarten wäre. Stattdessen werden wir uns zunehmend mit den Folgen gestiegener Temperaturen auseinandersetzen müssen. Eine der bekanntesten ist der Anstieg des Meeresspiegels und die damit zunehmende Küstenerosion und Überflutung von Tiefländern.

Die Messung der mittleren globalen Meeresspiegelhöhe ist zwar nicht einfach, unter anderem, weil die Meeresoberfläche sehr unruhig ist, durch lokale Temperaturveränderungen und tektonische Senkungs- und Hebungsvorgänge beeinflusst wird. Aufschlussreich und recht genau sind aber seit etwa drei Jahrzehnten großräumige Satellitenmessungen. Demnach stieg gemäß World Meteorological Organization der Meeresspiegel zwischen 1993 und 2002 um 2,27 Millimeter pro Jahr, aber 2013–2022 bereits doppelt so schnell. Etwas mehr als ein Drittel davon stammt vom Massenverlust der Gletscher und Eisschilde, der Rest erfolgt wegen der Wärmeausdehnung der Ozeane selbst und – weniger bedeutsam – durch geringere Wasserspeicherung auf dem Land. Allein der Massenverlust Grönlands beträgt derzeit netto 270 Gigatonnen pro Jahr oder 8700 Tonnen pro Sekunde (mit netto ist gemeint: Eiszuwachs durch Schneefall minus Eisschmelze und Kalbung von Eisbergen). Bei vollständigem Abschmelzen hätten die Eisschilde der Antarktis einen Meeresspiegelanstieg um 58, derjenige in Grönland etwas mehr als 7 und alle anderen Gletscher der Welt 0,3 Meter zur Folge.

9

Tauen, abnehmen, schwinden

Das große Schmelzen

Vorhergehende Doppelseite: Die Zunge des Bear Glacier im Kenai-Fjords-Nationalpark, Alaska, reichte noch 1950 bis zur heute bewaldeten Endmoräne aus der Kleinen Eiszeit, hinter der sich die von der Zunge abgebrochenen Eisberge stauen. Seither beschleunigt sich der Schwund des Gletschers immer mehr und betrug allein im Jahr 2018/19 fast einen Kilometer.

Die Schneeschmelze auf der Alp La Barme im Walliser Val d'Hérémence lässt den Schmelzwasserbach anschwellen und bringt den Gletscher-Hahnenfuß *(Ranunculus glacialis)* im Bildvordergrund in Bedrängnis. Das abfließende Wasser gelangt weiter unten in den Stausee der Kraftwerksanlage Grande Dixence.

Schnee- und Eismassen haben in unseren gemäßigten Breiten fast immer eine Temperatur ziemlich nahe beim Schmelzpunkt. Entsprechend stark wirken sich selbst geringe Temperaturerhöhungen aus. Eine geschlossene Schneedecke wird in tiefen Lagen selten, Skigebiete leiden unter Schneemangel, Ökosysteme verändern sich. Wie kein anderes Naturphänomen veranschaulicht der dramatische Schwund der Gletscher in aller Welt den klimabedingten Rückgang der Kryosphäre. Abschmelzende Gletscherzungen sind zu einem Sinnbild für den menschengemachten Klimawandel geworden.

Im zentralen Alpenraum sind die Temperaturen seit dem ausgehenden 19. Jahrhundert bis zur Dekade 2013–2022 um durchschnittlich 2,5 °C Grad gestiegen. Diese Erwärmung ist doppelt so stark wie der von der Weltorganisation für Meteorologie gemeldete globale Mittelwert von 1,2 °C. Dies hat zweierlei Ursachen. Zum einen ist die Temperaturzunahme auf dem Land generell größer als über den Ozeanen, weil letztere einen Teil der Wärme in tiefere Meeresschichten abführen können, sodass sich die Luft über dem Wasser etwas weniger schnell erwärmt als über dem Land. Zum anderen ist die Erwärmung in hohen geografischen Breiten generell stärker als in den Tropen, was sich bereits in unseren mittleren geografischen Breiten bemerkbar macht.

In der Schweiz stieg die Nullgradgrenze von 1961 bis 2020 um 300 bis 400 Höhenmeter, die Anzahl Frosttage sank in tiefen Lagen um 60 Prozent. Dies hat natürlich Auswirkungen auf Eis und Schnee. Zum Beispiel frieren größere Seen kaum mehr zu (vgl. Kap. 6). Auch hat gemäß MeteoSchweiz die Anzahl Tage mit einer mindestens 1 cm dicken Schneedecke auf dem Weissfluhjoch bei Davos (2686 m ü. M.) zwischen 1960 und 2022 von durchschnittlich 290 auf 265 Tage abgenommen. Prozentual noch viel stärker ist aber der Rückgang in mittleren und tiefen Lagen, zum Beispiel in Elm (979 m ü. M.) von 145 auf 100 oder in Zürich-Fluntern (510 m ü. M.) gar von 60 auf 32 Tage. Unser Eindruck trügt nicht: Schneereiche Winter sind seltener geworden.

Die Schneedecke haben wir als bedeutendste Ressource für den Wintertourismus bereits in Kapitel 3 besprochen. Daneben spielt sie für die Wasserkraftnutzung eine entscheidende Rolle. Im Gegensatz zu Regen bleibt Schnee in hochgelegenen Regionen länger liegen, und der Abfluss in die Gewässer ist zunächst gering. Eine gewisse Schneemenge geht zwar durch Sublimation zurück in die Atmosphäre, aber der Großteil taut erst nach Wochen und Monaten, und zwar in den unteren Höhenstufen zuerst, in den höheren später. Entsprechend «helfen» die Schneerücklagen bei der Speicherung potenzieller Wasserkraft bereits oberhalb der Stauseen und gleichen Abflussspitzen normalerweise aus (eine Ausnahme bilden starke Regenfälle in eine Schneedecke, die kurzfristig Hochwasser verursachen können). In Zukunft wird der Abfluss aus hochgelegenen Einzugsgebieten immer früher im Jahr erfolgen und stärker schwanken. Dies wird eine Umstellung bei der Bewirtschaftung von Speicherseen notwendig machen. Dazu kommt der Gletscherschwund. Allein in den Schweizer Alpen verloren die Gletscher zwischen 1850 und 2020 60 Prozent an Masse. Im Moment kompensiert zwar der Schmelzwasserabfluss von Gletschern in trocken-heißen Sommern noch teilweise denjenigen aus der Schneeschmelze. Dieser «Bonus» wird in Zukunft allerdings zurück- und schließlich ganz verlorengehen.

Mittlere Berglagen erhalten meist nur noch geringe Schneemengen. Die dünne Schneedecke am Schnebelhorn an der Grenze zwischen den Kantonen Zürich und Thurgau ist auf der sonnenexponierten Südseite bereits wieder verschwunden, überdauert aber noch auf der Nordseite.

Das Abschmelzen des Oberaargletschers (rechts hinten) trägt im Moment noch zur jährlichen Füllung des Stausees bei. Zukünftig wird im Sommer aber immer weniger Gletscherwasser zur Verfügung stehen.

Produktion von technischem Schnee an einem frostigen Wintertag mittels Propellermaschinen bei Nauders, Tirol. Die von den stationären Maschinen erzeugten Schneereserven werden bei Bedarf mit Pistenraupen verschoben und verteilt.

Vor Beginn der Wintersportsaison künstlich beschneite Skipisten in Obertauern, Salzburg (Foto Arne Müseler, arne-mueseler.com).

Snowfarming bei der Bergstation der Diavolezza-Seilbahn (CH). In der Geländemulde gab es früher einen Gletscher, der inzwischen abgeschmolzen ist.

Technischer Schnee und Snowfarming

Unter Schneemangel leiden die Wintersportgebiete. Am stärksten betroffen sind tiefer liegende Anlagen, weil man dort nicht in die einigermaßen schneesicheren Hochregionen ausweichen kann. Wollen sie konkurrenzfähig bleiben, müssen Wintersport-Destinationen mit der Produktion von *technischem Schnee*, umgangssprachlich auch als Kunstschnee bezeichnet, dagegenhalten. Diesen produziert man entweder mit länglichen *Schneilanzen* oder bulligeren *Propellermaschinen*, umgangssprachlich auch als «Schneekanonen» bekannt. Wasser wird durch kleine Düsen zerstäubt und in die Luft geblasen. Ein Teil des Wassers verdunstet, verbraucht dabei Wärmeenergie, sodass winzige Eiskristalle entstehen, die ihrerseits als Gefrierkeime für die größeren Wassertröpfchen wirken.

Obwohl ihr Energieverbrauch durch technische Weiterentwicklung verringert werden konnte, verbrauchen Beschneiungsanlagen viel Strom und Wasser. Während letzteres in manchen Skigebieten schlicht fehlt, werden andernorts Speicherbecken zur Versorgung der Beschneiungsanlagen gebaut. Gleichzeitig müssen ausreichende Restwassermengen in natürlichen Gewässern garantiert und die Bedürfnisse der Landwirtschaft und Trinkwasserversorgung berücksichtigt werden. Vor dem Hintergrund solcher Nutzungskonflikte gewinnt in letzter Zeit das sogenannte *Snowfarming* an Bedeutung. Während günstiger Kälteperioden produziert man haufenweise technischen Schnee und deckt diesen im Frühling mit Sägemehl oder Vlies ab. Diese Schneereserve überdauert den nächsten Sommer und wird Anfang Winter mit Pistenfahrzeugen wieder ausgebracht. Über Sinn oder Unsinn von Schneesport auf Loipen und Pisten auf grüner oder brauner Wiese lässt sich im Spannungsfeld von wirtschaftlichen und ökologischen Fragen trefflich streiten.

Gletscherschwund und Folgen

Grosser Aletschgletscher 1928 (links, Bild Leo Wehrli) und 2023 von der exakt gleichen Stelle auf dem Bettmergrat. 1928 lag die Gletscheroberfläche nur knapp unter dem Hochstand von 1850. Seit dem Ende der Kleinen Eiszeit ist der Gletscher im hinteren

Einst wuchsen die Gletscher, und dies nicht immer zur Freude der Bergbevölkerung. Bei großen Gletschervorstößen vom 15. bis ins 19. Jahrhundert gingen ganze Alpweiden verloren, sogar Siedlungen wurden vom Eis zerstört. Weil der Glacier du Bois (heute Mer de Glace) bis auf den Talboden vorstieß und dort Schaden an Hab und Gut drohte, veranlasste der Bischof von Genf 1644 eine Bittprozession. Das Beten schien zumindest kurzfristig zu helfen, denn die Gletscherzunge kam zum Stillstand und begann sich sogar zurückzuziehen, wenn auch nur vorübergehend. Von 1690 bis 1700 folgten außergewöhnlich strenge Winter, und viele Gletscher stießen nach einer gewissen Verzögerung wieder kräftig vor. Heute bezeichnet man die weltweite Phase kühlen Klimas als *Kleine Eiszeit*. Je nach Definition begann sie im 16. Jahrhundert oder schon früher und dauerte bis zur Mitte des 19. Jahrhunderts. Die Bezeichnung «Kleine Eiszeit» ist allerdings ver-

wirrend, weil sowohl die Abkühlung als auch die darauffolgenden Gletschervorstöße weitaus geringer waren als bei einer richtigen Eiszeit (vgl. Kap. 8). Immerhin hinterließen die schwindenden Gletscher auffällige Ufermoränen, an denen man den letzten Gletscherhochstand der Kleinen Eiszeit sehr gut ablesen kann.

Nach der Kleinen Eiszeit schwanden die Alpengletscher zunächst nur langsam. In den 1960er-und 1970er-Jahren stießen manche Gletscher sogar wieder leicht vor. In reißerisch aufgemachten Presseberichten wurde gar die Frage aufgeworfen, ob eine nächste Eiszeit drohe. Seit dem Ausgang des 20. Jahrhunderts ist der Gletscherschwund aber in fast allen Hochgebirgsregionen der Welt und den Polargebieten nicht weniger als dramatisch. Grosse Alpengletscher wie die Pasterze in den Hohen Tauern, Mer de Glace in Frankreich, der Gorner- in den Walliser und der Grosse Aletschgletscher in den

Bildteil um 200, unten links gar um 300 Höhenmeter abgesunken, also fast um die Höhe des Eiffelturms. Die kleinen Gebirgsgletscher an den Wannenhörnern hinten im Bild sind fast ganz verschwunden.

Berner Alpen verloren zwischen zwei und dreieinhalb Kilometer Länge, seit systematische Messungen um 1870 begannen. In den Schweizer Alpen hatten die Gletscher am Ende der Kleinen Eiszeit um 1850 ein Gesamtvolumen von rund 130 km^3, 2016 noch 54 km^3 und 2023 nur noch knapp 48 km^3. Allein in den Sommern von 2022 und 2023 verloren sie gemäß dem Schweizerischen Gletschermessnetz ein Zehntel ihres Eises. Selbst wenn die Temperaturen ab sofort nicht mehr weiter stiegen, würden die Gletscher weiterhin stark zurückgehen, weil ihr bisheriger Schwund als Anpassung an wärmere Klimabedingungen noch nicht abgeschlossen ist. Eine weitere Erwärmung wird den Gletscherschwund natürlich zusätzlich beschleunigen. Dies führt zu düsteren Prognosen. Selbst im unwahrscheinlichen Fall von weltweit *netto null* Treibhausgasemissionen ab 2050 würden sich die Alpengletscher erst ab 2080 stabilisieren. Selbst dann wäre gemäß Mattias Huss, VAW, ETHZ, gerade einmal ein Viertel ihres Volumens von 2022 bis zum Ende des Jahrhunderts noch zu retten. Eher ist anzunehmen, dass bis dann nur noch in sehr hohen oder stark beschatteten alpinen Firnbecken kleine Eisreste vorhanden sein werden. Die meisten werden unter einer schützenden Schuttschicht verborgen und nur noch schwer als Gletscher erkennbar sein.

Der aktuelle Gletscherschwund hat vielfältige Folgen. Besonders augenfällig sind Massenbewegungen an steilen Bergflanken wie zum Beispiel die Moosfluh-Rutschung am Grossen Aletschgletscher. Seit Mitte der 1990er-Jahre gleitet der zur Gletscherzunge geneigte Berghang kontinuierlich talwärts, weil die früher vorhandene Abstützung durch das Eis verschwunden ist. Die Folge sind zahlreiche Risse im Gelände, Steinschlag und Felsstürze. Phasenweise bewegte sich die Bodenoberfläche im betroffenen Gebiet bis zu 80 cm pro Tag. Aus Sicherheitsgründen mussten mehrere Wanderwege gesperrt werden. Inzwischen sind die meisten allerdings wieder offen, nachdem die Bewegungen etwas zurückgegangen sind (Stand 2023). Ein neuer Themenweg «Geologiesteg Moosfluh» orientiert an sieben Posten über Ursachen und Wirkungen des Gletscherschwunds und zu den technischen Einrichtungen zur Überwachung des Bergs.

Weitere Auswirkungen des Gletscherschwunds sind die Entstehung von Eiskavernen im Inneren und neuen Seen am Rand der Gletscher. In Island bildet sich im Südosten der Vatnajökull-Eiskappe der Gletschersee Jökulsárlón und hat bis 2023 eine Fläche von 28 km^2 erreicht. Vom Breiðamerkurjökull, eine in den See mündende Gletscherzunge, kalben Eisberge und beeindrucken mit bizarren Formen und teils intensiven Blautönen. Kleinere Eisbrocken verlassen den See über den untiefen Seeausfluss und gelangen ins Meer. Ein Teil wird anschließend durch die Brandung zurück auf den pechschwarzen Sandstrand befördert, der deswegen als «diamond beach» bekannt ist. Zum touristischen Angebot am Jökulsárlón gehören im Winter Touren mit Geländefahrzeugen zu Eiskavernen an der Gletscherstirn. Solche Hohlräume entstehen während des Sommers durch die Erosionswirkung von Schmelzwasserströmen unter dem Eis. Wenn der Abfluss im Winter versiegt, kann man unter kundiger Führung ein Stück weit ins Innere der Gletscherzunge vordringen. Die subglaziale Wunderwelt schmilzt im nachfolgenden Sommer wegen des fortschreitenden Rückgangs der Gletscherfront bereits wieder aus, doch kundschaften die einheimischen Führer neue Eishöhlen aus.

Eiskavernen entstehen auch unter stagnierenden Gletscherzungen der Alpen. Wenn sich die Eisbewegung infolge des Gletscherschwunds verlangsamt, haben die subglazialen Schmelzwasserbäche ausreichend Zeit, um Hohlräume aus dem Eis zu schmelzen. Diese zu betreten, ist am ehesten zur kalten Jahreszeit möglich, wenn nur wenig Wasser fließt. Allerdings ist dies nicht ungefährlich, denn die Stabilität der Höhlendecke ist vor Ort schwer abzuschätzen.

Die derzeitige Geschwindigkeit des Gletscherschwunds im Alpenraum ist in historischer Zeit beispiellos. Manche Gletscher ziehen sich nicht mehr nach und nach zurück wie in vergangenen Jahrzehnten, sondern zerfallen im Zungenbereich großflächig. Eindrücklich zu beobachten ist die Entwicklung am Rhonegletscher, dessen Stirn noch in den 1980er-Jahren ein beliebtes Fotosujet direkt neben der Furka-Passstraße war, von dieser aus aber längst nichts mehr sichtbar ist. Seit 1870 wird am Rhonegletscher eine künstliche Eisgrotte unterhalten. Früher befand sich der Eingang nur wenige Schritte von der Passstraße entfernt, während man heute über einen halben Kilometer hinuntersteigen muss. Da sich die Grotte wegen der Eisbewegung laufend gegen die Gletscherstirn verschiebt und schließlich ausschmilzt, musste sie nach gewissen Zeitabständen gletscheraufwärts neu angelegt werden. Um die Nutzungsdauer zu verlängern, wird das Eis über der Grotte seit mehreren Jahren mit Vlies abgedeckt. Dies verringert die Ablation erheblich. Allerdings ist der Gletschersee neben der Grotte mittlerweile so stark angewachsen, dass Teile der Abdeckung im Wasser landeten. Deshalb muss das Abdeckmaterial wieder aufwendig aufgesammelt und entsorgt werden (Stand 2023). Wohl kann man mit Abdeckungen winzige Teilpartien von Gletschern vorübergehend schützen, aber es ist vollkommen unmöglich, einen ganzen Gletscher vor den Folgen des Klimawandels zu bewahren.

Neue Gletscherseen kann man durchaus als eine Bereicherung einer Gebirgslandschaft ansehen, die sonst mehrheitlich von kahlen Felsen und Schuttmassen dominiert ist. Allerdings bergen manche neuen Seen auch Gefahren. Wie wir in Kapitel 3 und 8 gesehen haben, verursachten Gletscherseeausbrüche schon in historischer Zeit Hochwasserkatastrophen. Infolge fortschreitenden Gletscherschwunds entstehen derzeit immer mehr Gletscherseen, auch in tropischen und subtropischen Hochgebirgsregionen. In den Anden, dem Karakorum und Himalaya gibt es davon Hunderte, wobei sie in schwer zugänglichen Gebieten oft erst durch Satellitenfernerkundung entdeckt werden.

Als Folge des Schwunds des Grossen Aletschgletschers geriet der Berghang neben der Gletscherzunge in Bewegung. Der Wanderer überschreitet eine durch Hangrutschung entstandene Geländespalte (24. 8. 2019).

Nachfolgende Doppelseite: Durch den Rückgang eines namenlosen, schuttbedeckten Gletschers am Fuß der Clariden-Nordwand entstand nach 1985 ein neuer See. Das Flugpanorama entstand unmittelbar nach einer Kalbung von der Gletscherfront. Die dadurch entstandene Welle verursachte das dunkel benetzte Ufer und die Wassertrübung am Rand des Sees. Vom Gletscherschwund zeugen Moränenwälle links oben im Bild und trockengefallene Schmelzwasserrinnen links und unten.

DREKI

Ein Amphibienfahrzeug ist mit Touristen zwischen Eisbergen auf dem isländischen Gletschersee Jökulsárlón unterwegs.

Fotosafari im Inneren einer Eiskaverne im Breiðamerkurjökull im Südosten Islands.

Zungenbereich des Rhonegletschers 2016 (oben) und 2023 (unten). Am Ende der Kleinen Eiszeit reichte das Eis noch bis zum Fotostandort und jenseits des Sees bis zur Oberkante der hellen Moräne. Durch den Gletscherschwund entsteht hinter einem Felsriegel ganz links ein neuer See. Die zum Schutz der künstlichen Eisgrotte ausgelegten weißen Vlies-Bahnen mussten inzwischen wieder entfernt werden, nachdem ein Teil davon in den See geriet.

Der gefährliche Gletschersee Palcacocha in der Cordillera Blanca oberhalb von Huaraz. Obwohl zwei künstliche Dämme den Seeausfluss befestigen und Schlauchleitungen den Pegelstand leicht absenken, gilt der See weiterhin als gefährlich und ist Gegenstand eines internationalen Rechtsstreits (Bild 2017, Martin Mergili).

Das durch den schwindenden Triftgletscher freigegebene Felsbecken ließe sich durch eine Staumauer zu einem Speichersee aufstauen, dessen Volumen um ein Vielfaches größer wäre als der aktuelle Gletschersee (Bild links mit Eisbergen 2002, rechts 2019). Die Hängeseilbrücke über dem Seeausfluss ermöglicht den Zugang zur Trifthütte SAC.

Ein brisantes Beispiel ist die Palcacocha in der Cordillera Blanca von Peru. Dieser Gletschersee entstand bereits in der ersten Hälfte des 20. Jahrhunderts. Am 13. Dezember 1941 brach die den See stauende Endmoräne auf 4566 m ü. M., worauf eine Flutwelle durch die Quebrada Cojup stürzte, große Mengen Lockersedimente mobilisierte und sich nach 23 km als Schlammstrom über Teile der Stadt Huaraz ergoss. 1800 Menschen kamen bei dieser Katastrophe ums Leben. Nach einem verheerenden Erdbeben am 31. Mai 1970, bei dem allein in Huaraz nochmals rund 10 000 Menschen den Tod fanden, wurde die Stadt wieder aufgebaut, ein Teil davon allerdings erneut im hochwassergefährdeten Gebiet. Die Einwohnerzahl stieg bis 2023 auf 140 000. Gleichzeitig vergrößerte sich die Palcacocha wegen des beschleunigten Gletscherrückgangs erneut und bedroht einmal mehr Teile von Huaraz.

Betroffen ist auch der einheimische Bauer und Bergführer Saúl Luciano Lliuya. Unterstützt durch die deutsche Entwicklungs- und Umweltorganisation Germanwatch verklagte er den deutschen Energiegroßkonzern RWE auf rund 20 000 Euro. Er macht geltend, RWE verursache mit seinen Kohlekraftwerken 0,47 % der weltweiten Treibhausgasemissionen und sei im gleichen Anteil für die globale Erwärmung und den entsprechenden Gletscherschwund verantwortlich. Der eingeklagte Schadenersatz beträgt wiederum 0.47 % der projektierten Gesamtkosten für geplante bauliche Schutzmaßnahmen. Nach einem Lokaltermin des Deutschen Gerichts und beider Prozessparteien wurden im Mai 2022 mehrere Gutachten erstellt, worauf weitere Gerichtstermine folgen werden (Stand 2023). Dem Prozess kommt als Präzedenzfall für Schadenersatzklagen im Zusammenhang mit dem Klimawandel große Bedeutung zu.

Während manche ein Gefahrenpotenzial darstellen, eröffnen andere Gletscherseen und glazial übertiefte Geländemulden Möglichkeiten der Wasserkraftnutzung. Beim Bau älterer Staumauern überflutete man noch recht unzimperlich entsprechend geeignete Gletschervorfelder. 1966 wurde beim Nufenenpass die Staumauer Gries innerhalb des letzten Hochstands des Griesgletschers fertiggestellt. Bei der Projektierung stellte man sich damals noch allen Ernstes die Frage, ob der Gletscher zukünftig wieder bis zur Staumauer vorstoßen und diese zerstören könnte. Auch war zu beurteilen, welche Gefahr von Kalbungen von der Gletscherstirn in den Stausee ausgehen würde. Inzwischen präsentiert sich die Situation völlig anders, denn die Gletscherzunge hat sich weit zurückgezogen, und ein erneuter Vorstoß scheint in absehbarer Zukunft ausgeschlossen. Die Frage ist derzeit eher, wie lange überhaupt noch irgendein Rest des Griesgletschers überdauern wird. Diskutiert werden in der Schweiz nun neue Stauseen in den übertieften Becken vor dem Triftgletscher in den Berner und dem Gornergletscher in den Walliser Alpen. Wir stehen dabei vor dem Dilemma, ob die landschaftlich reizvollen Gletschervorfelder möglichst unberührt bleiben oder die emissionsarme Wasserkraftnutzung ausgebaut werden sollen.

Lebendiges Gletschervorfeld

Wiederholungsaufnahmen vom gleichen Standort vor der Stirn des Vadret da Morteratsch. Die Gletscherstirn befand sich 1985 (oberes Bild) wenige Hundert Meter entfernt, und das eisfreie Gelände ist fast vollständig kahl. Bis 2007 (Mitte) haben zahlreiche Pionierpflanzen das Gelände besiedelt, darunter mehrere Weidenarten und Grünerlen. 2021 gibt es bereits viele junge Lärchen und vereinzelt erste dunkelgrüne Arven.

Dieses Buch möchten wir mit einer Wanderung durch das außerordentlich attraktive und leicht zugängliche Vorfeld des Vadret da Morteratsch beschließen, dessen Veränderungen wir nun schon vier Jahrzehnte lang beobachten. Gletschervorfelder gehören zu den besonders dynamischen Zonen im Hochgebirge. Gletscherhochwasser und Murgänge lagern in kurzer Zeit viel Material um. Gleichzeitig besiedeln Pionierpflanzen das eisfrei gewordene Gelände. Wo die Zungen der größten Alpengletscher während der Kleinen Eiszeit bis tief unter die Waldgrenze reichten, folgen den Pionierpflanzen meist verschiedene Weidenarten und Grünerlen, bis sich später nach und nach wieder Wald entwickelt. All dies lässt sich wie im Zeitraffer zwischen der Bahnstation Morteratsch und der aktuellen Gletscherstirn nachverfolgen, wobei unser Zeitrafferfilm naturgemäß rückwärtslaufen wird, während wir uns dem Gletscher nähern. Die Wanderung erfolgt übrigens etwa bis zum Gletscherstand von 2010 auf einem bequemen Fahrweg. Der weitere Anstieg über eine Steilstufe ist mit weiß-blau-weißen Markierungen als Alpinwanderweg gekennzeichnet. Dieser Teil erfordert Trittsicherheit und gutes Orientierungsvermögen auch bei einer unerwarteten Wetterverschlechterung.

In der Umgebung der Bahnstation Morteratsch dominieren jahrhundertealte Lärchen und Arven. Seit dem Ende der letzten Eiszeit vor über 10000 Jahren ist dieses Gebiet eisfrei, sodass die Vegetation ausreichend Zeit hatte, um sich maximal zu entwickeln. Doch schon nach wenigen Minuten erreichen wir den Gletscherhochstand von 1850. Ab jetzt lassen wir die großen Arven hinter uns. Statt ihrer dominieren nun Lärchen, denn sie vermögen in eisfrei gewordenem Gelände früher Fuß zu fassen und wachsen schneller. Je weiter wir wandern, desto niedriger werden auch die Lärchen, denn sie sind noch nicht ausgewachsen. Dafür gibt es mehr Weiden- und Grünerlen-Gebüsch. Eineinhalb Kilometer nach dem 1850er-Höchststand erreichen wir auf etwas flacherem Gelände die Position der Gletscherstirn von 1970. Unsere Vergleichsaufnahmen zeigen eindrücklich, wie schnell sich die Vegetation hier ausgebreitet und entwickelt hat. 1985 gediehen hier erst vereinzelte, kleinwüchsige Pionierpflanzen. Sie kommen im Schutt und Geröll praktisch ohne Humus, mit wenig Nährstoffen und periodischer Trockenheit zurecht. Erst ihre abgestorbenen Reste bereiten das Terrain durch Humusbildung für später nachfolgende, anspruchsvollere Pflanzenarten vor.

In der alpinen Auenlandschaft vor dem Vadret da Morteratsch breitet sich die Vegetation entlang der Wasserläufe am schnellsten aus. Abseits der Gewässer können nur trockenresistente Pflanzen überdauern, weil der Moränenschutt Wasser schlecht speichert und immer wieder austrocknet. Erst nachdem Pionierpflanzen ausreichend Humus und damit wasserspeichernden Boden gebildet haben, schließt sich nach und nach die Vegetationsdecke.

Spinnweb-Hauswurz (*Sempervivum arachnoideum*) kommt im eisfrei gewordenen Gelände praktisch ohne Humus aus.

Beim Ende des Fahrwegs beginnt der oben erwähnte, erfahrenen Berggängern vorbehaltene Alpinwanderweg. Über eine Fußgängerbrücke geht es auf die östliche Seite des Gletscherbachs und später über eine Steilstufe aufwärts. Dieses Gelände hat der Gletscher erst nach 2010 freigegeben. Erst nachdem wir die steile Partie überwunden haben, kommt die Stirn des Vadret da Morteratsch in Sicht. Hier weht einem selbst an sonnigen Tagen meist der unangenehm kalte *Gletscherwind* entgegen. Er entsteht, weil sich die Luft über dem Eis abkühlt, dichter wird und über das Eis talwärts fließt. Trotzdem haben sich schon erste Pflanzen auf Gelände etabliert, das erst wenige Jahre eisfrei ist.

Mit etwas Glück findet man in dieser Zone fossiles Holz, also den Hinweis auf einen längst verschwundenen Wald. Das meiste Holz stammt von Lärchen, die nach dem Ende der letzten Eiszeit zunächst wuchsen, aber bei einer vorübergehenden Kältephase vom wieder vorstoßenden Gletscher überfahren wurden. Ganze Lärchenstämme wurden im Schutt des Gletscherbetts unter Luftabschluss konserviert. Mithilfe der Kohlenstoff-14-Methode wurde einer der Stämme auf ein Alter von 10 800 Jahren datiert. Diese Lärche begannen also knapp 1000 Jahre nach dem Ende der letzten Eiszeit zu wachsen. Altersbestimmungen an organischem Material, welches der Gletscher wieder freigibt, ist ein wichtiges Puzzleteil bei der Rekonstruktion der Klima- und Vegetationsgeschichte im Alpenraum.

An der Gletscherstirn angekommen, befinden wir uns 3,5 km innerhalb des Höchststands der Kleinen Eiszeit (Stand 2023). Allerdings verlief der Rückgang der Gletscher-

zunge bis hierher alles andere als gleichmäßig. Messungen gibt es seit 1878. Seit diesem Datum bis 1940 zog sich der Gletscher um 759 m zurück, also durchschnittlich 12 m pro Jahr. Von 1940 bis 2000 betrug der Rückgang weitere 1240 m oder 21 m pro Jahr. Von 2000 bis 2023 verkürzte sich die Zunge nochmals um 969 m, nun aber mit 44 m pro Jahr weitaus schneller. Der stark beschleunigte Schwund zeigt uns überaus eindrücklich die Auswirkung gestiegener Temperaturen. Zwar ist der Vadret da Morteratsch immer noch 6 km lang. Aber weil Gletscher dieser Größe mit einer mehrjährigen Verzögerung auf Klimaveränderungen reagieren, wird sich sein Rückgang auch in Zukunft weiter beschleunigen. Angesichts des schwindenden Gletschers drängt sich die Frage auf, wie viel weiter unsere Nachkommen werden wandern müssen, um zur Gletscherstirn zu gelangen. Wieviel Schnee und Eis werden sie dann überhaupt noch zu Gesicht bekommen?

In Gelände, das erst vor rund zwei Jahren vom Eis freigegeben wurde, sind nur noch vereinzelt Pionierpflanzen zu finden, dafür aber ein fossiler Baumstamm aus der Zeit kurz nach dem Ende der letzten Eiszeit. Für die Entnahme von Proben zur Altersbestimmung wurde der Stamm angesägt.

Eisschmelze und Schmelzwasserbach an der Stirn des Vadret da Morteratsch.

Ein Stück Gletschereis ist bis auf wenige eingeschlossene Luftblasen glasklar. In der wärmenden Sommersonne schmilzt es und versinnbildlicht die ungewisse Zukunft der Naturphänomene Schnee und Eis.

Anhang

Bildnachweis

Mehrere Bildautoren haben uns großzügig Fotos zur Verfügung gestellt. Sie werden bei den einzelnen Bildern erwähnt. Alle anderen Aufnahmen stammen von den Autoren dieses Buches.

Dank

Zahlreiche Personen haben dieses Buchprojekt in unterschiedlicher Art und Weise unterstützt, sei es durch fachliche Beratung und Kritik, oder durch Begleitung und Unterstützung im Feld: Felix Angst, Michael Büttler, Miles Ecclestone, Bernhard Edmaier, Paul Felber, Holger Frey, Angelika Jung-Hüttl, Felix Keller, Peter Koch, Barrie McKelvey (†), Brian Moorman, Atsumu Ohmura, Christopher Omelon, Marcia Phillips, Jürg Schweizer, Laura Thomson und Michael Zemp. Ein besonderer Dank geht an Pamela Alean.
Unterstützung leisteten unter anderem UK Natural Environment Research Council, British Antarctic Survey, Antarctica New Zealand, Australian Antarctic Research Expeditions und Polar Continental Shelf Program in Kanada.
Schließlich bedanken wir uns bei Martin Lind vom Haupt Verlag für die stets angenehme und professionelle Begleitung bei diesem Buchprojekt.

Über die Autoren

Dr. Jürg Alean (links) studierte Geografie und doktorierte an der ETH Zürich in Glaziologie. Bis zu seiner Pensionierung war er Mittelschullehrer für Geografie. Zwischen 1976 und 2023 konnte er auf Forschungsexpeditionen in die Arktis dramatische Veränderungen der Kryosphäre mitverfolgen. Er verfasste mehrere Bücher zu erdwissenschaftlichen Themen im Haupt Verlag. Zusammen mit Gleichgesinnten unterhält er den Bildungsserver SwissEduc.ch. Gelegentlich ist er auf der Schul- und Volkssternwarte Bülach nachtaktiv.

Prof. Michael Hambrey (rechts) studierte Geografie und Geologie an der University of Manchester, wo er auch in Glaziologie doktorierte. Nach Forschungspositionen an der ETH Zürich, der University of Cambridge und Lehrtätigkeit an der Liverpool John Moores University war er bis zur Emeritierung an der Aberystwyth University in Wales tätig. Von Königin Elizabeth II wurde er zweimal mit der «Polar Medal» ausgezeichnet und erhielt die «SCAR Medal for Excellence in Antarctic Research». Er hat zahlreiche Artikel und Lehrbücher über Glaziologie und Geologie verfasst.

Register

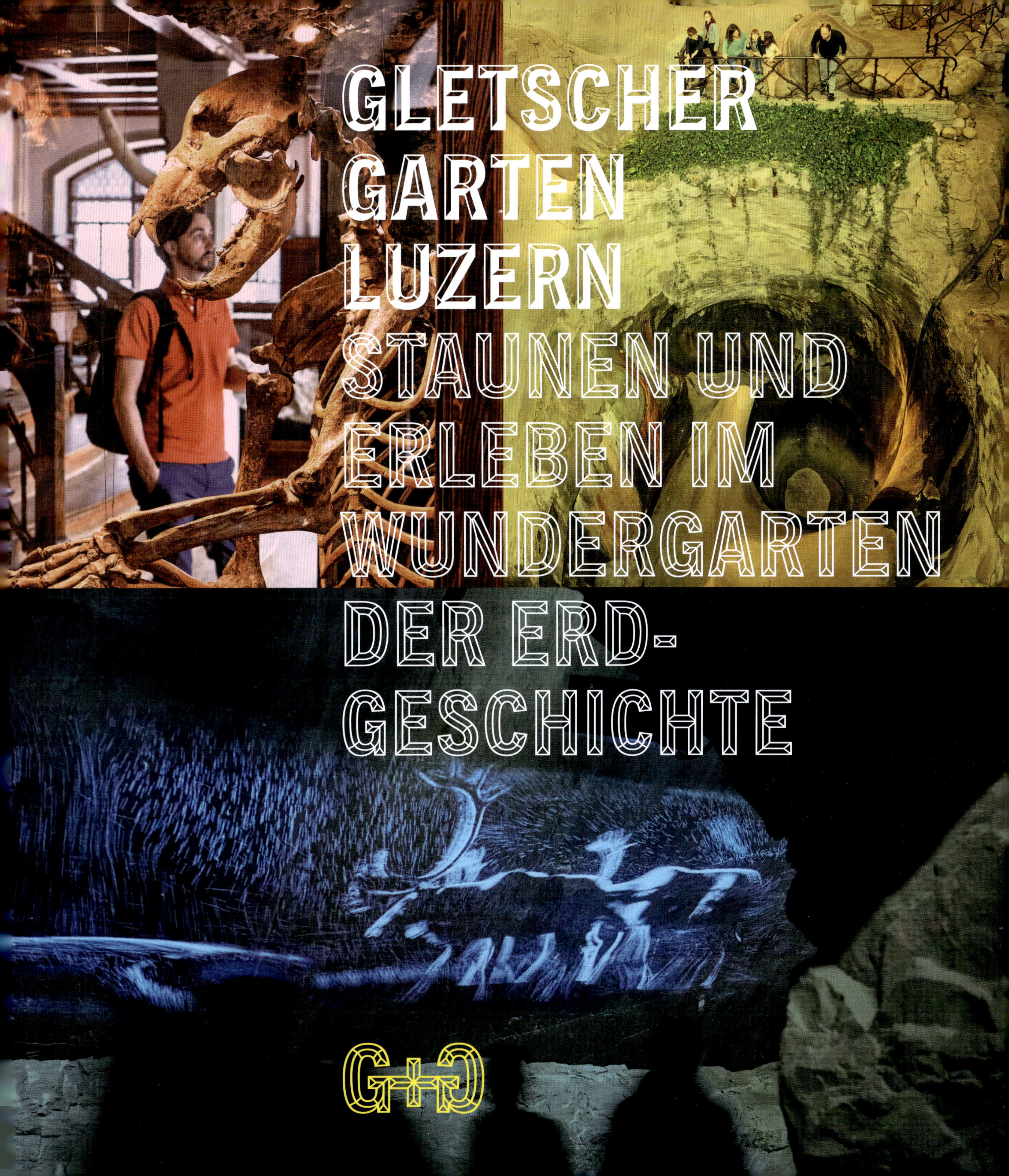
GLETSCHER
GARTEN
LUZERN
STAUNEN UND
ERLEBEN IM
WUNDERGARTEN
DER ERD-
GESCHICHTE

1. Auflage: 2024

ISBN 978-3-258-08337-7

Umschlaggestaltung, Gestaltung und Satz: pooldesign.ch

Wir drucken mit mineralölfreien Farben und verwenden FSC®-zertifiziertes Papier. FSC® sichert die Nutzung der Wälder gemäß sozialen, ökonomischen und ökologischen Kriterien.
Gedruckt in der Tschechischen Republik

FSC
www.fsc.org
MIX
Papier | Fördert gute Waldnutzung
FSC® C014138

Diese Publikation ist in der Deutschen Nationalbibliografie verzeichnet.
Mehr Informationen dazu finden Sie unter http://dnb.dnb.de.

Der Haupt Verlag wird vom Bundesamt für Kultur für die Jahre 2021–2024 unterstützt.

© Shutterstock, Huza Studio

Sie möchten nichts mehr verpassen?

Folgen Sie uns auf unseren Social-Media-Kanälen und bleiben Sie via Newsletter auf dem neuesten Stand

www.haupt.ch/informiert

Wir verlegen mit Freude und großem Engagement unsere Bücher. Daher freuen wir uns immer über Anregungen zum Programm und schätzen Hinweise auf Fehler im Buch, sollten uns welche unterlaufen sein.

www.haupt.ch